YIBEN BUZHENGJING DE XINLIXUE

一本不正经的心理学

蔡荣建◎著

台海出版社

图书在版编目（CIP）数据

一本不正经的心理学 / 蔡荣建著. -- 北京：台海
出版社, 2016.12
ISBN 978-7-5168-1214-3

Ⅰ.①一⋯ Ⅱ.①蔡⋯ Ⅲ.①心理学 – 通俗读物
Ⅳ.①B84-49

中国版本图书馆CIP数据核字(2016)第291352号

一本不正经的心理学

著　者：蔡荣建	
责任编辑：王　萍	装帧设计：久品轩
版式设计：曹　敏	责任印制：蔡　旭

出版发行：台海出版社

地　　址：北京市东城区景山东街20号　邮政编码：100009

电　　话：010 - 64041652（发行，邮购）

传　　真：010 - 84045799（总编室）

网　　址：www.taimeng.org.cn/thcbs/default.htm

E - mail：thcbs@126.com

经　　销：全国各地新华书店

印　　刷：北京楠萍印刷有限公司

本书如有破损、缺页、装订错误，请与本社联系调换

开　本：710×960　1/16			
字　数：366千字		印　张：25.25	
版　次：2017年3月第1版		印　次：2017年3月第1次印刷	
书　号：ISBN 978-7-5168-1214-3			

定　价：39.80元

前 言
preface

如果你是一名办公室职员，也许你会对办公室的事务了如指掌，明晰所谓的职场规则。

如果你是一名销售员，也许你会对产品的知识深谙几分，知道如何洞察客户的微妙心理。

如果你是一名 IT 技术员，你应该知道如何通过编码和程序实现某项任务，编码和符号可能就是你的挚友。

如果你是一名证券交易员，你应该对投资之道有一些见解，通过阅览交易盘上的数字就可以领悟出经济发展趋势。

如果你是一名艺术创作者，你应该具备触摸人类灵魂的能力，通过解读灵魂来阐释自己生命的价值。

如果你是一名私营企业主，你应该明确知道如何管理好企业，然后将提高企业的经济效益视为人生的目标。

......

我们每个人，对于自己所从事的职业，对于自身所喜好的事物，或多或少都有几分了解，甚至可以称为某个领域的资深人士。然而抛开这些外在身份，回到我们自身，回到朝夕与我们相伴的心灵，我们又了解几分呢？

不妨思考如下几个问题，在思考的间隙，你可能发觉某些困惑也曾经深植于你的内心，自己曾经也对某种遭遇诧异不解。

为什么你会因他人的负面评价而不悦？其实无论别人如何评价你，你始终是你自己。

为什么你偶尔会迷信算命先生的预言？

为什么你会在他人面前表现得像淑女或绅士一样，但是独处时，却行为粗鲁——大肆地欢笑，挖鼻孔？

为什么你会因失恋而忧郁，而另一个同时失去挚爱的人却依旧能够笑看风云？也就是说，对于同一个世界，为什么有的人悲观厌世，有的人却尽情享受世界的美好？

大家都知道投资股市应该遵循低买高卖之道，但是为什么仍旧有很多人的行为偏离了这一理性的发财逻辑？

纳粹分子可以面不改色地屠杀手无寸铁的儿童和妇女，难道他们真的心如蛇蝎，还是他们只是受了权威人物的怂恿，认为自己在执行保卫国家和民族的"神圣"使命？

为什么有的富商会在媒体上重金征婚，这到底是一场寻找真爱之旅，还是在上演一场炫耀财富的真人秀？

为什么人们总是怀揣一夜暴富的梦想而奔赴赌场？

……

对于上述问题，心理学都给予了科学合理的解释，阐述了人类情感和行为背后的心理学基础，用科学的原理告诉人们：为什么很多人会在心理的蛊惑下做出非理性的行为，甚至任由自己被不良心理所绑架，长时间与快乐遥遥相望。

心理学对于人们认知自我、他人和客观世界有着极大的意义，它让人们反观自我，发觉个体行为和社会行为背后的心理学依据，通过洞悉这些关于心理的客观规律，从而获取更美丽的人生。

不妨打个比方，某一天，你买了一个新式的高科技电器，在使用电器前，为了正确使用，你需要一份使用说明书，或者专业人士的意见，这样你才会明白电器的工作原理，知道如何进行正确操作，而不是在准备开动电器时，却按了"关"的按钮。从某种意义上说，心理学知识便等同于一份关于如何实现美丽人生的说明书。例如，倘若你常常感到不快乐，心理学中的"ABC理论"会告诉你，你的情绪并不取决于客观发生的事实，而取决于你对事实的解释，如果你想要拥有积极的情绪，你便需要改变自己对事件糟糕的解释——其实，快乐与哀伤不过是你为自己下的一张订单，你有充分的选择权；倘若你明知道最佳的投资之道是低买高卖，但你还是不断地卖掉上涨的股票，心理学中的"趋向性效应"会告诉你，这是因为你的自豪心理在作祟，所以如果你希望在投资中实现更高的利润，你便不得不放下虚荣之心；倘若你迷恋某个人已经很久了，但你百般犹豫，不知选择什么场合表白，心理学中的"吊桥理论"建议你，不妨选择那些可以让你的意中人心惊肉跳的地方，这样你更容易捕获爱情。

心理学不仅有趣，更具有现实意义，但是专业的心理学书籍往往充满了生僻的专业术语，导致非心理学专业的人们被拒之门外，难以领略其中的奥妙。《一本不正经的心理学》——一本以趣味之名，化繁为简地讲述心理学知识的书籍的孕育正是为了弥补这个遗憾。

追寻人一生的成长轨迹，不管是鸢飞戾天者，还是经纶世务者，回到追求的原点，最终的理想不过是为了寻找幸福，希望能够快乐地行走天地之间。那么，什么是幸福呢？其实，幸福与外在之物并没有多大的关系，它只是人的一种心理感受而已，从这个意义上来看，心理学也可以说是一门与获取幸福、与人的最终信仰紧密相关的科学。

借用剧作家汤姆·思道帕德（Tom Stoppard）的一句话，"每一个出口都是进入另一个地方的入口"，诚挚地把这本《一本不正经的心理学》献给你们，希望它可以完成使命——有助于更深刻地了解自我与世界，从而进入自我体察与社会认知的大门——哪怕它只是给你提供了微小的帮助。

编　者

2016 年 11 月

目　录

● contents ●

人格心理学篇

情绪心理学篇

心理治疗篇

行为心理学篇

成功心理学篇

人际关系心理学篇

社会心理学篇

传播心理学篇

销售心理学篇

经济心理学篇

爱情心理学篇

认知心理学篇

——如何正确地认知这个社会和世界

𝒫01　牙医为什么要去看拳击比赛?

人性定理: 人都是服务于自己的

歪读

在观看拳击比赛的过程中, 哥尔登一直眉开眼笑。

他身旁的人问他: "你也是拳击师吗?"

哥尔登回答道: "不, 我是牙科医生!"

正解

或许你会指责哥尔登冷漠、自私, 但是哥尔登诚实的回答恰恰显示了人性定理: 一般来说, 人们都具备谋取自身利益最大化的本能。

秒懂

"人性定理"也称"主体人自我肯定原理", 指的是任何一个健康的人的任何一个行为, 都是以服务于他自己为目的的。

"人性定理"有如下内涵。

(1)自我意识

人都有关于自我的意识, 深知自我是不同于他人、他物的一种独立存在, 并能准确地感知自我与非我的边界, 有明的主体我与客体他人、他物的区分和界定。

(2)自我决策

自我决策即人都具有行为选择的自由, 没有什么外在力量, 可以无条件地决定主体我只能是什么，而不能是什么。主体我是什么，是主体我自我决定和自我选择的结果。

（3）自我肯定

人活动的目的是寻求自我肯定。这种自我肯定表现为，任何一个健康的人，他的任何一个行为，一般来说都服务于他自己特定的目的。

自我肯定的内容包括生存需求的满足、自我价值的实现和自我价值判断的实现。

（4）自我中心

人都以自我为中心，并把世界万事、万物视为与主体我对立的客体。客体的意义和价值都是由主体我赋予的，是客体能够被用做主体"我"做自我肯定的工具。

（5）欲望无限

人在确知生存需求的欲望不可能永恒地被满足时，便开始转向对于自我价值实现、自我价值判断实现的追求，并力求通过这两种欲望的满足，来获得生存的意义和价值，通过精神生命的获得，来延长短促的肉体生命。

这后两种欲望，不会像吃饭一样有饱的满足，所以人总是会处于欲望无止境的状态。

（6）自我异化

人作为一种动物，总是向往安逸，在没有外部环境压力的作用时，会沉醉于动物本能满足的肌肤之利，以致迷失了自我，使对自我肯定的寻求异化为一种自我否定。

P.02 你是否也跟你儿子开过玩笑说，他是组装出来的？

听众设计：你说话的方式依赖于你的听众

歪读

妈妈怀孕了，4 岁的海柯百思不得其解，他问爸爸未来的弟弟或者妹妹是如何生出来的。

> "懂了，爸爸，然后你用螺钉把他们组装起来，对吗？"

> "先生出头，再生出身子，最后是两条腿，懂了吗？"

正解

虽然笑话中爸爸的解释不是最正确的答案，但是基于海柯的认知层次，无疑这已经是最好的答案。

⏱ 秒懂

听众设计是语言生成过程中的第一步，简单地说，就是：你说话的方式依赖于你的听众。比如，现在需要你向另外一个人介绍一幅画，听众是一个盲人与听众是一个正常人，你所采用的表述方式肯定是不一样的。

哲学家保罗·格赖斯提出自然语言有其独特的逻辑关系，他认为会话的最高原则是合作，称为合作原则，也就是听众设计原则。

在合作原则下，人们在交际中要遵守以下 4 个准则。

（1）数量准则

自己所说的话要达到当前交谈目的所要求的详尽程度，不能使自己所说的话比所要求的更详尽。也就是说，你必须判断出你的听众真正需要的信息有多少。

（2）质量准则

不要说自己认为错误的话，不要说缺乏足够证据的话，即当你说话时，听者会假设你能够用合适的证据支持你的断言。当你说每句话前，你都必须考虑这句话所基于的证据。

（3）关联准则

说话要贴切，前后有关联，即你必须保证听者能够知道你正在说的如何与你以前说的相关联。如果你希望转移话题，那么你便需要做出解释。

（4）方式准则

避免晦涩的词语。

避免歧义。

说话不要累赘，要简要。

说话要有条理。

举个例子，比如你现在正在和你的朋友王华一起吃饭，此时，你接到了你母亲的电话，你母亲问你正在做什么，如果你的母亲并不知道王华是谁，从来没有听过这个名字，你便不会说："我正在和王华吃饭。"但是如果你的母亲认识王华，你便会告诉母亲与你一起吃饭的人的名字，在这个过程中，你便遵从了听众设计原则和关联准则。

　　很多家长在向年幼的孩子解释生理现象时，一般都不会讲述真正的生理知识，而是以委婉的方式来讲述，这便是因为基于"听众设计原则"，家长必须从孩子的认知层次来解释这个问题，否则只会增加孩子的困惑，导致他们更加疑惑不解。

P03 为什么人在产生怀疑后，总是试图去寻找原因？

归因理论：个体推断和解释他人及自己行为原因的现象

歪读

小学教师玛丽让班上每个学生讲个故事，然后说明故事的教训。

苏姬第一个说："我父亲有个农场，每星期我们都把鸡蛋放进一个篮子里运往市场。有一天，因为路面凸起，鸡蛋从篮子里飞出来掉到地上，都碎了。故事的教训是不要把你所有的鸡蛋都放在一个篮子里。"

第二个讲故事的是露西。"我爸爸也有一个农场，"她说，"一天，我们把12只鸡蛋放进孵卵器里，但只有8只孵出小鸡。故事的教训是不要蛋未孵就数鸡，如意算盘往往不可靠。"

最后一个是比利。"我叔父打仗时是开飞机的。有一次他开飞机时被人击落，他用降落伞跳到一个偏僻小岛上，身边除了一瓶药用威士忌酒外别无所有，"比利讲得津津有味，"叔父向四周望了一下，发现被12个敌人包围了，他喝下那瓶威士忌，然后赤手空拳把敌人都打死了。"

"真是了不起，"玛丽问，"但故事里的教训是什么呢？"

"教训是，"比利说，"叔父喝酒的时候不要打扰他。"

正解

关于叔父为什么如此英勇，比利将其归因为叔父的喝酒行为，故而得出了"叔父喝酒的时候不要打扰他"的结论。

⏱ **秒懂**

关于生活中的很多现象，你一定有很多疑问，比如为什么我没有像某个大学同学一样成功？为什么我至今没有遇到心仪的对象？为什么某个同事似乎比我更能讨取上级的欢心？人们在产生疑问后，总是试图去分析某些行动、事件或后果的可能原因，归因理论便是一种关于知觉者推断和解释他人及自己行为原因的社会心理学理论。奥地利社会心理学家 F. 海德在其 1958 年出版的《人际关系心理学》中首先提出了归因理论。

归因理论指出，如果某个因素一旦出现就会看到某个行为，该因素不出现就看不到这个行为，那么人们就会把该因素归结为该行为的原因。比如，你与你的朋友一起出游，迎面走过来了一匹马，你的朋友指着马大声尖叫，你便要确定是朋友精神出现了问题，还是因为危险正在临近。

当人们试图解释某个人的行为时，人们要就 3 个方面的有关信息来评估协变：区别性、一贯性和一致性。

区别性：该行为是否是特定情境下的具体行为——你的朋友是否对所有的马都大喊大叫？

一贯性：指行为是否反复出现以回应这一情境——这匹马过去是否让你的朋友大喊大叫？

一致性：指其他人是否在同样情境下也产生同样的行为——每个人都指着马并大喊大叫吗？

*P*04 如果你认为流行音乐是高尚的，那么流行感冒也是高尚的咯？

信念偏见效应：人们惯于以现实世界存在之物印证判断

歪读

俄国作家赫尔岑在一次宴会上被轻佻的音乐弄得非常厌烦，便用手捂住了耳朵。

主人解释说："对不起，这里演奏的都是流行乐曲。"

赫尔岑反问道："流行的乐曲就一定高尚吗？"

主人听了很吃惊："不高尚的东西怎么能流行呢？"

赫尔岑反唇相讥："那么，流行性感冒也是高尚的了！"

说罢，赫尔岑头也不回地离开了宴会。

正解

在上述笑话中，宴会主人犯了一个严重的逻辑错误，形成这种错误的最根本原因便是"信念偏见效应"。

秒懂

在诠释"信念偏见效应"之前，先请看下面的这个三段论，并判断结论的对与错。

前提一：所有有发动机的东西都需要油。

前提二：汽车需要油。

结论：汽车有发动机。

大多数人都会说这个结论是对的，但是按照逻辑的规则，这种推论方式是不正确的。

再看如下的三段论。

前提一：所有的猫都有 4 条腿。

前提二：狗有 4 条腿。

结论：狗是猫。

关于猫的这个逻辑推理，你肯定会说这个结论是不正确的。

在产生认知时，相对于用其他事物（如猫）的情况，当用"汽车"时，人们更倾向于判断它是对的，这个结果说明了"信念偏见效应"，即人们倾向于把他们能为之构建一个合理的现实世界模型的结论判断为正确的，而把那些他们不能为之构建合理现实世界模型的结论，判断为是错误的。比如，对于汽车的知识使人们难以看出上面的结论是错误的。

《美丽心灵》是以获得诺贝尔经济学奖的数学家约翰·福布斯·纳什为原型的电影，在剧中男女主人公有如下对白。

纳什（男主人公）：艾丽西娅，我们之间的关系是否能保证长远的承诺呢？我需要一点证明，一些可以作为依据的资料。

艾丽西娅（女主人公）：你等等，给我一点时间……让我为自己对爱情的见解下个定义。你要证明和能作为依据的资料，好啊，告诉我宇宙有多大？

纳什：无限大。

艾丽西娅：你怎么知道？

纳什：因为所有的资料都是这么指示的。

艾丽西娅：可是它被证实了吗？

纳什：没有。

艾丽西娅：有人亲眼见到吗？

纳什：没有。

艾丽西娅：那你怎能确定呢？

纳什：不知道，我只是相信。

艾丽西娅：我想这和爱一样。

当纳什希望艾丽西娅为其提供可以证明关系长久的资料时，艾丽西娅用宇宙类比，以此说明没有被证明存在过的事物也可以是存在的，就像她对纳什的爱情一样，是一种不需要被证明的承诺。可以看出，艾丽西娅在认知世界时，没有受到"信念偏见效应"的影响——她对于事物的认知凭借的是合理的逻辑，而不是现实世界是否已经存在合理的模型。

P05 难道是喜欢住地下室，才会付这么高额的租金

隧道视野效应：一个人若身处隧道，他看到的就只是非常狭窄的视野

歪读

一个男人来到了教堂，他内疚地对神父说："神父，我……我有罪……"

神父慈祥地说："说吧，我的孩子，有什么事？"

男人开始陈述："二战时，我藏起了一个被纳粹追捕的犹太人……"

神父说："这是具有人道主义的行为，很值得赞许，你为什么会觉得自己有罪呢？"

男人继续说道："我把他藏在我家的地下室里……而且……而且，我让他每天付给我1500法郎的租金……"

神父问道："你就是因为这件事情忏悔吗？"

男人吞吞吐吐地说："可是，我……我直到现在还没有告诉他二战已经结束了！"

正解

犹太人终日身处于地下室中，关于外界信息的唯一来源便是房子的主人，这便导致他犹如置身于一个隧道中，认知只是局限于房子主人所提供的信息，完全不知道外面世界的时代变迁与风云变幻——从而可悲地成为被骗对象。

⏱ 秒懂

隧道视野效应是一个心理学概念，指的是一个人若身处隧道，他看到的就只是前后非常狭窄的视野。笑话中的犹太人便是隧道视野效应的受害者，由于终日隐藏在昏暗的地下室中，每天接触到的只是房子主人所提供的信息，以致无法知道外界的事情，平白被房子主人所蒙蔽。一个人所处的环境往往决定了他的认知水平，如果他所置身的环境无法接触到更真实的、更多姿多彩的信息，便会阻隔他与多种信息的接触，成为孤陋寡闻和认识短浅之辈。

有这样一个故事……

美国的一个摄制组千里迢迢地来到了中国，他们准备拍一部反映中国农民生活的纪录片，于是他们找到一位柿农，向他买 1000 个柿子，请他把这些柿子从树上摘下来，并演示一下储存的过程，并开出 1000 个柿子 20 美元的酬劳。

对于这笔交易，柿农很满意，他找来一个帮手，自己爬到柿子树上，用一根绑有弯钩的长杆，娴熟地将树上的柿子拧了下来，帮手则将掉在地上的柿子捡入一个筐中，柿农和帮手一边干活一边随意地聊着家常。旁边的美国人将这些都拍了下来，并拍了他们储存柿子的过程。

结束拍摄后，美国人付给柿农 20 美元后便准备离开，柿农很疑惑地问他们："你们为什么不把柿子带走呢？"美国人解释说他们买这些柿子的目的已经达到了，柿子还是留给老农。

对于美国人的举动，淳朴的柿农非常不解，他不禁喃喃道："没想到世界上还有这样的傻瓜！"

柿农没有传媒的意识，不懂得媒体运作的手法，自然不明白美国人所拍的纪录片其实比他的柿子更值钱。美国人并不是傻瓜，他们获得了柿农所看不到的更大利益。

在上则故事中，柿农对于美国人举动的认知便发生了"隧道视野效应"，农民由于受限于自身的阅历和生活背景，使他无法理解美国人行为的合理之处。

　　在成长的过程中，随着生活环境和朋友的更迭，你自身所储存的信息一直处于更新升级的状态，你会发现对于同一件事情的观察，你可以通过更多的视角去体察，甚至会觉得自己从前的认知很荒谬。在这一认知的发展过程中，你逐渐脱离了曾经狭窄的隧道，可以看见更广阔的世界并使自身得到成长。从某种意义上说，试着去接触更广阔的世界、更多价值观迥异的人群，你所认知的世界便越接近真实客观的境界。

P06 终于知道自己很丑，是因为
被罚和自己在一起的男人帅呆了

镜像效应：他人即自我认知的镜子

🐼 歪读

3 个女人在一场车祸中丧生，同时来到天堂。当她们到了天堂后，天使彼得告诫她们："在天堂里，我们这里只有一个规矩——千万不要踩到鸭子！"虽然 3 个女人对于这个规定感到很奇怪，但她们想既然来到了天堂，便要遵守天堂的规矩，所以她们谨小慎微，千方百计躲避着脚下的鸭子。可是，天堂的鸭子实在是太多了，几乎多到不可能踩不到的地步，虽然她们极力避免，但是其中一个女人还是不小心踩到一只。

踩到鸭子后，彼得立刻带着一个这女人一生从未见过的、长得极丑陋的男人来到她面前，告诉她："你踩到鸭子的惩罚就是要永远跟这个丑男人拴在一起。"

第二天，另外一个女人也不小心踩到了鸭子。这时彼得又带着另一个长相不堪入目的男人来到她面前，结果如同之前那个女人。彼得把第 2 个女人跟他带来的丑男人拴在了一起。

第 3 个女人终于知道踩到鸭子的后果了，为了避免发生与丑陋男人拴在一起的噩梦，她每天都万分小心，在未踩到任何鸭子的情况下，她在天堂平安过了几个月。

但是有一天，彼得来到了她的面前，带着一个超级美男。这个男人不仅高大壮硕，而且长相俊美，彼得把他们拴在一起后，没对第 3 个女人说任何话就走了。

女人十分纳闷，她问身旁的这个美男："为什么我可以跟你永远拴在一起呢？"这个男人说："我昨天刚刚来到天堂，上午不小心踩到了一只鸭子。"

正解

虽然可以与超级美男永远拴在一起，但是得知自己有此好运的原因后，这个幸运的女人或许并不会感到快乐，因为她间接知道原来自己是天堂中长相丑陋的女人。

秒懂

关于人们如何获得自我认知，很重要的一个参考标准是他人对自己的评价，比如当一个人被上级评价为"聪明能干"时，多数会变得心花怒放，但是如果上级对某个下属，做出"朽木不可雕"的负面评价，这名下属最可能的反应就是心情沮丧，觉得自己不太可能有什么太好的发展前景。他人对自己的态度犹如一面镜子，人们从中获知自己的形象定位，并从而形成自我概念，在心理学中，这种现象被称为"镜像效应"。笑话中的第3个女人通过天堂执政者对于自己的间接评价，知道自己原来是一个长相丑陋的女人，这时便发生了"镜像效应"。

"镜像效应"来源于库利的"镜中我"理论，库利是美国早期著名的社会学家和社会心理学家，他认为，人们通过与其他人的交往形成自我观念，一个人对自己的认识是其他人关于自己看法的反映。人们总是借助别人对自己的评价形成关于自我的观念。也就是说一个人如何看待自己，往往是由别人对自己的态度所决定的，个体由此获得的关于自我的印象被称为"反射的自我"或"镜中我"。

库利的"镜中我"理论将自我意识分为3个阶段。

（1）设想自己在他人面前的行为方式。

（2）做出行为后，设想他人对自己行为的评价。

（3）根据他人对自己评价的想象来评价自己行为。

关于自己究竟是一个什么样的人——是外向还是内向，是热情如火还是冷漠似冰，是思维严谨还是擅长粗线条思考——诸如此类的自我判断，虽然你自身可以形成一套认知体系，但是你仍会参考他人的意见，尤其是那些你比较认可的权威人士的意见。比如，如果你的老板预言如果你在IT行业发展，将难以出人头地，他认为你在交际方面更有天分，是一个不可多得的营销领域方面的潜力股，则你很可能会质疑自己目前的职业选择，甚至改弦易辙，做出更改职业方向的决定。

P07　肤色歧视

刻板效应：你总会受到刻板偏见的左右

歪读

一天，学校表演节目时，老师对一个白人小朋友说："小朋友，你真可爱，给你一双翅膀去当天使吧！"随后又对一个亚洲小朋友说："小朋友，你真可爱，给你一双翅膀去当天使吧！"后来又来了一个黑人小朋友，老师说："小朋友，你真可爱，给你一双翅膀去当蝙蝠吧！"

正解

老师为白皮肤小朋友和黄皮肤小朋友安排了天使的角色，对于黑皮肤小朋友，则安排了蝙蝠的角色，这自然与老师的刻板印象有关：黑色人种不如白色人种和黄色人种漂亮，不适合扮演天使。

秒懂

刻板效应，又称定型效应，是指人们用刻印在自己头脑中的关于某个人、某类人的固定印象，以此固定印象作为判断和评价他人依据的心理现象。

苏联社会心理学家包达列夫曾经做过这样的实验，将一个人的照片分别给两组人看，照片的特征是眼睛深凹，下巴外翘。包达列夫向两组人提供了截然相反的介绍，他告诉甲组"此人是个罪犯"，对乙组则说："此人是位著名学者"，然后，请两组人分别对此人的特征进行评价。

此时，出现了非常有趣的现象，甲组人认为，此人眼睛深凹表明他凶狠、狡猾，下巴外翘反映其顽固不化的性格；乙组则认为，此人眼睛深凹，表明他具有深邃的思想，下巴外翘反映他具有探索真理的顽强精神。

针对同一张照片的面部特征，为什么会出现如此迥然有异的评价呢？心理学家分析说，这是因为人们对社会各类人有着一定的定型认知——把他当罪犯来看时，自然就把其眼睛、下巴的特征归类为凶狠、狡猾和顽固不化，而把他当学者来看时，便把相同的特征归为思想的深邃性和意志的坚韧性。

探究这种现象的本质，可以发现刻板效应其实来自于认知偏见，人们对不同人进行分类，然后产生了不同的固化印象，在这种印象的影响下，对不同的人群产生了不同的态度和行为倾向。就像笑话中的老师为不同肤色的小朋友安排不同的角色一样，你也常会受限于既有的刻板印象，从而用刻板印象的信息来决定自己的行为。

P08 为什么品行端正的男士，在某些妇人眼里却是小偷？

首因效应：第一印象总是占据着主导地位

歪读

一个品行端正的市民拿了4把伞去修理。中午，他在一间餐馆用膳。临走时，他不小心把挂在帽子旁边的一把伞也拿了下来。

"那伞是我的，先生。"旁边桌子的一位妇人说道。男人道过歉就走了。

第二天，当男人取回4把伞乘电车回家时，刚巧碰见前一天在餐馆见过面的妇人，妇人看了他一眼，又瞄了瞄他手里的伞，说道："看得出你今天运气很不错。"

正解

妇人第一次遇见去修伞的男人时，误以为对方是一个偷伞的行为不端的人，当第二次遇见男人时，这种根深蒂固的负面印象仍然占据了主导地位。

秒懂

人们在第一次交往中留下的印象，在对方的头脑中形成并占据着主导地位，这种现象即为首因效应。首因效应也称首次效应、优先效应或"第一印象"效应。它是指当人们第一次与某物或某人相接触时会留下深刻印象，第一印象作用最强，持续的时间也长，比以后得到的信息对于事物整个印象产生的作用更强。心理学研究发现，与一个人初次会面，在45秒钟内就能产生第一印象，形成第一印象的主要因素是性别、年龄、衣着、姿势和面部表情等"外部特征"。

首因效应本质上是一种优先效应。当不同的信息结合在一起时，人们总是倾向于重视前面的信息，即使人们同样重视了后面的信息，也会认为后面的信息是非本质的和偶然的；人们习惯于按照前面的信息解释后面的信息，即使后面的信息与前面的信息不一致，也会屈从于前面的信息，以形成整体一致的印象。

在人际交往中，首因效应发挥着重要的作用——每个关系的建立都肯定会有第一次见面，如果一个人无法为他人留下较好的第一印象，将不利于其人际关系的发展，至少会对他的人际关系发展进程产生负面影响。所谓的"新官上任三把火""先发制人"和"恶人先告状"便利用了首因效应的正面影响，很多人极为注重出现在一个陌生场合的首次印象，争取让自己给他人留下正面的印象，希望可以借此带来更好的人际关系。

P09　位置不同，鸡的大小也不同

近因效应：对他人最近、最新的认识占了主体地位

🐼 歪读

约翰在朋友的陪同下来到当地相当有名的一家餐馆品尝佳肴。

上菜以后，约翰正准备拿起餐具，但他一下子傻眼了。他愤怒地说道："服务员，这是怎么回事？昨天，我花同样的钱，买同样的鸡，你们端来的比今天的大一倍。"

服务员客气地问道："可以问一下吗？昨天您坐在哪儿？"

"坐在临街的窗户旁边。"

"那就对了，先生，我们总是给坐在窗户边上的人端上大一点的鸡。这是很好的广告啊。"

✅ 正解

如果"昨天"让约翰评价一下餐馆，可能他会认为这家餐馆物美价廉，但是如果"今天"让约翰做出论断，他多会认为餐馆的老板是一个名副其实的奸商——这便是一种"近因效应"。

⏱ 秒懂

"近因效应"与"首因效应"相反，是指在多种刺激按不同顺序出现的时候，印象的形成主要取决于后来出现的刺激，即在交往过程中，人们对他人最近、最新的认识占了主体地位，以致掩盖了以往形成的对他人的

评价。比如，让你此时此刻判断一下你与某个朋友的关系，如果你们几天前刚吵过架，你就会认为你们的关系不是很好，而如果这个朋友昨天刚借给你 1000 元钱，你就会将你们的关系定义为"患难之交"，认为对方是你真正的朋友。

美国心理学家卢钦斯以实验的方式证明了"首因效应"与"近因效应"。在实验时，卢钦斯准备了两段文字，在第 1 段文字中将一个叫做吉姆的男孩描述为热情外向的人，在第 2 段资料中将吉姆描述为冷淡而内向的人。然后，卢钦斯将这两段材料组合成 4 组。

第 1 组：描写吉姆热情外向的文字先出现，冷淡内向的文字后出现。

第 2 组：描写吉姆冷淡内向的文字先出现，热情外向的文字后出现。

第 3 组：只显示描写吉姆热情外向的文字。

第 4 组：只显示描写吉姆冷淡内向的文字。

卢钦斯让 4 组人分别阅读一组文字材料，然后回答"吉姆是一个什么样的人？"实验结果显示，第 1 组中有 78% 的人认为吉姆是友好的，第 2 组中只有 18% 的人认为吉姆是友好的，第 3 组中认为吉姆是友好的人有 95%，第 4 组中只有 3% 的人认为吉姆是友好的。

通过上述实验，卢钦斯得出结论：信息呈现的顺序会对社会认知产生影响，先呈现的信息比后呈现的信息有更大的影响作用。

后来，卢钦斯在进一步的研究中发现，如果在两段文字之间插入描述某些活动的文字内容，如吉姆做数学题和吉姆听故事等，则大部分人会根据活动以后得到的信息对吉姆进行判断，也就是说，最近获得的信息对他们的社会知觉起到了更大的影响作用——这一实验结果很好地证明了"近因效应"。

通常来说，在社会交往中"近因效应"不如"首因效应"明显和普遍。在印象形成过程中，当不断有足够引人注意的新信息，或者原来的印象已经淡忘时，新近获得的信息的作用就会较大，就会发生"近因效应"。

P 10　片面信息为何总能误导大众

晕轮效应：为什么明星总是有很多绯闻

🐭 歪读

有一位主教出访纽约前，听说很可能被采访的记者带入陷阱，所以提前做了一些准备。当他到达纽约机场后，一名记者迎面就问道："您想上夜总会吗？"主教想避开这个问题，便笑着反问："纽约有夜总会吗？"

第二天早上，关于主教出访纽约的新闻，报纸的大标题是："主教下飞机后的第一个问题：'纽约有夜总会吗？'"

✅ 正解

对于那些不了解主教的纽约大众来说，通过这个标题，主教自然会被视为一个声色犬马之徒——报纸的标题哗众取宠，只是通过片面的信息使大众对主教进行了管中窥豹般的解读。

⏱ 秒懂

"晕轮效应"又称"光环效应""成见效应""光圈效应""月晕效应"和"以点概面效应"，指的是在人际知觉中所形成的以点概面或以偏赅全的主观印象。人们对于他人的认知判断首先是根据个人的好恶得出的，然后再从这个判断推论出认知对象的其他品质。如果认知对象被标明是"好"的，他就会被"好"的光圈笼罩着，并被赋予一切好的品质。这种强烈知觉的品质或特点，就像月亮的光环一样，向周围弥漫、扩散，从而掩盖了其他品质或特点，所以晕轮效应也形象地被称为"光环效应"。

　　心理学家爱德华·桑戴克做过一个这样的实验。他让被试者看一些照片，照片上的人有的很有魅力，有的无魅力，有的谈不上有魅力或无魅力。然后让被试者在与魅力无关的方面评定这些人。结果表明，被试者对有魅力的人比对无魅力的人赋予更多理想的人格特征，如和蔼、沉着和好交际等。

　　"晕轮效应"最早是由美国著名心理学家爱德华·桑戴克于 20 世纪 20 年代提出的。他认为，人们对人的认知和判断往往只从局部出发，扩散而得出整体印象，即常常以偏赅全。一个人如果被标明是好的，他就会被一种积极肯定的光环笼罩，并被赋予一切都好的品质；如果一个人被标明是坏的，他就被一种消极否定的光环所笼罩，并被认为具有各种坏品质。这就好像刮风天气前夜月亮周围出现的圆环（月晕），其实圆环不过是月亮光的扩大化而已。据此，桑戴克为这一心理现象起了一个恰如其分的名称"晕轮效应"，也称做"光环作用"。

　　通过上面的笑话，由此也可以理解为什么明星总是有那么多绯闻了，人们总是对媒体关于明星的丑闻爆料十分感兴趣，对此津津乐道，然而事实上，人们所看到的关于明星的形象都是媒体所展现给人们的那圈"月晕"，或许这些故事只是媒体的断章取义，与事实的真相相距十万八千里。

P11　我是公猴，只想拥有所有母猴

乡村维纳斯效应：村里最漂亮的姑娘被视为世界上最美的人

歪读

上帝对一只猴子说："可怜的猴子，你在猴王争霸赛中被打败了，你面临着被赶出猴群的命运，从此你将独自流浪，非但难以找到果腹的食物，还会面临随时遭受其他猛兽袭击的危险。我实在不忍心你过着如此艰难困苦的生活，念在你虔诚向善的分上，我准备将你点化成人！"

对于突如其来的好运气，猴子连连对上帝磕头谢恩。

上帝问猴子："成人后，你第一件事最想做什么？"

猴子狠狠地说："举着一杆枪打死现在的猴王，夺回我的王位，然后拥有所有的母猴！"

正解

猴子从未体验过人类的生活，在它看来，世界上最幸福的事情便是拥有所有的母猴，其实，人类世界的丰富性远远大于这一内容。

秒懂

在偏僻的乡村，村里最漂亮的姑娘会被村民们认为是世界上最美的人——维纳斯女神，在看到更漂亮的姑娘之前，村里的人再也想象不出还有比她更漂亮的人——这便是"乡村维纳斯效应"，指的是人们在认识世界时，一旦接受了一个与事实相符的解释，由于受到自我满足思维的约束，往往就无法想象出还会有其他更好的解释。

人们在认识世界时，一旦对某个问题有了合乎逻辑的解释，就会把它当做正确的解释，由此产生了自我满足感，不想再去寻找更符合逻辑的解释。"乡村维纳斯效应"出现的原因也多是人们产生了自我满足感，放弃了对事实的进一步探寻，结果导致自己的认知局限在既定的范围内，无法有所超越。

此外，正如"隧道视野效应"所诠释的那样，人们的认知往往会受到既有经验和知识的影响，在没有接触更多的信息源之前，他们无法想象认知结构之外的未见事物，所以他们便会以为自己所感知的世界便是真实的全部世界。

当发生"乡村维纳斯效应"后，人们便会以一种夜郎自大的方式与这个世界互动——如果一个人是一家公司业绩最好的销售员，便会想当然地认为自己是这个行业里的精英；如果一个人已享受到不错的薪水收入，便会认为所谓的幸福的白领生活也不过如此。

然而，天外有天，人外有人，尚且不说一个普通人根本无法将足迹踏遍世界的每寸土地，即使一个人真有本事去世界的每个地方，也不能说他已见过整个世界，因为在地球之外，在整个银河星系中，还有很多未知的事物不在人类的认知之内——永远不要以为你所看到的世界便已经是整个世界。

12　没通电，再好的吸尘器也吸不走碎屑

心理定式：都是思维惯性惹的祸

歪读

一位吸尘器推销员到一户新人家推销电器。他敲门后，一位主妇开了门，在她还没来得及说第一句话时，推销员就冲了进去，迅速地把碎屑撒满了整个地毯。

推销员说："女士，如果这个吸尘器不能将它们吸得干干净净，我就把它们捡起来吃掉。"主妇露出了担忧的表情："你想加点番茄酱吗？我们是刚搬来的，家里还没通上电呢。"

正解

可以想象，推销员的这种实地演练的销售方式曾经让他很受益，否则他便不会形成撒碎屑的思维惯性，然而，这一次，思维惯性却戏谑地要了他一下。

秒懂

心理定式是一个心理学上的概念，是指对某一特定活动的准备状态，它可以使人们在从事某些活动时能够驾轻就熟，甚至达到自动化程度，从而节省很多时间和精力。但同时，心理定式的存在也会束缚人们的思维，使人们只会用常规方法去解决问题，而不求用其他"捷径"突破，因而也会给解决问题带来一些消极的影响。

阿西莫夫是一名有着俄国血统的美国人，一生中撰写了 400 部书，称得上世界知名度最高的科普作家。有一次，他遇到了一位汽车修理工，修理工对阿西莫夫说："嗨，博士！我来考考你的智力，出一道思考题，看你能不能回答正确。"阿西莫夫点头同意。修理工便开始说思考题："有一位既聋又哑的人，想买几根钉子，来到五金商店，对售货员做了这样一个手势，左手两个指头立在柜台上，右手握成拳头做出敲击状的样子。售货员见状，先给他拿来一把锤子。聋哑人摇摇头，指了指立着的那两根指头。于是售货员就明白了，聋哑人想买的是钉子。聋哑人买好钉子，刚走出商店，接着进来一位盲人。这位盲人想买一把剪刀，请问：盲人将会怎样做？"阿西莫夫心想，这还不简单吗？便顺口答道："盲人肯定会这样——阿西莫夫伸出食指和中指，做出剪刀的形状。"汽车修理工一听，开心地笑起来："哈哈，答错了吧！盲人想买剪刀，只需要开口说'我买剪刀'就行了，他干吗要做手势呀？"

阿西莫夫从小就聪明，年轻时曾多次参加"智商测试"，得分总在 160 左右，属于"天赋极高者"之列，但是对于修理工所提出的问题，阿西莫夫却给出了错误的答案，在这个过程中，因为受限于心理定式，阿西莫夫无端被汽车修理工取笑了一番。

P13 上帝的父亲，但这位父亲说自己的儿子是匹诺曹

巴纳姆效应：为什么你会迷信星座运程

歪读

有一天，上帝闲着没事干，在天堂里走来走去，不知不觉就走到了天堂的大门口。

天堂的大门口正排着长长的队伍，天使彼得坐在一张桌子前，为那些要进天堂的人登记注册。

一看到上帝，彼得就喜出望外地大叫起来："上帝！你来得正好，我正想去上厕所，你先接替我一下？"

说完，彼得就离开了，上帝在桌子旁边坐了下来。

这时桌子前正站着一位老人，上帝看着这个老人花白的头发和枯瘦沧桑的脸，不知为什么有了一种很亲切的感觉。

上帝温和地询问老人说："您生前的职业是什么？"

"木匠。"老人回答。

上帝心里很震惊，连忙问："您是不是有一个儿子？"

老人的脸一下子变得很悲伤："是的，可是他在很多年以前就离开了我，我再也没有见过他。我可怜的孩子。"

上帝一下子站了起来："那么……，您的儿子，他……他的手脚上是否都被人钉了钉子？"

老人惊讶地望着上帝："是的，可是，天哪，您是怎么知道的？"

上帝抱住老人，激动得热泪盈眶："哦！爸爸，我终于找到您了！"

老人的脸上也立刻焕发出欢喜的神采："天哪，我真不敢相信，你长得这么大了啊！真的是你吗？匹诺曹？"

✅ 正解

老人仅进行了一番很笼统的描述后，上帝便认为老人正是自己的父亲，这与心理学中的"巴纳姆效应"如出一辙。

⏱ 秒懂

巴纳姆是一位很受欢迎的著名魔术师，他曾经这样诠释自己的成功：我的节目之所以受欢迎，是因为节目中包含了每个人都喜欢的成分，所以每分钟都会有人上当受骗。"巴纳姆效应"由此而来，指的是，人们常常认为一种笼统的、一般性的人格描述十分准确地揭示了自己的特点，心理学上将这种倾向称为"巴纳姆效应"。

关于这种自我认知的效应，一位心理学家曾经做过一个实验，他给一群人做完明尼苏达多相人格检查表后，出示了两份结果，让参与者判断哪一份是自己的结果。事实上，一份是参加者自己的结果，另一份是多数人的回答平均起来的结果。结果，大多数参加者都认为后者更准确地表达了自己的人格特征。

实验的结果表明：很多人都容易相信一个笼统的、一般性的人格描述特别适合自己，即使这种描述十分空洞，但他们仍然会认为这种描述准确地反映了自己的人格面貌。曾经有心理学家向大学生出示了这样一份材料，让他们判断这种人格描述是否适合自己：

你很需要别人喜欢并尊重你；

你有自我批判的倾向；

你有许多可以成为你优势的能力没有发挥出来，同时你也有一些缺点，不过你一般可以克服它们；

你与异性交往有些困难，尽管外表上显得很从容，其实你内心焦急不安；

你有时怀疑自己所做的决定或所做的事是否正确；

你喜欢生活有些变化，厌恶被人限制；

你以自己能独立思考而自豪，别人的建议如果没有充分的证据你不会接受；

你认为在别人面前过于坦率地表露自己是不明智的；

你有时外向、亲切、好交际，而有时则内向、谨慎、沉默；

你的有些抱负往往很不现实。

对于上述笼统的、几乎适合于任何人的话，很多大学生都认为自己正是材料中所描述的那样，材料的描述太匹配自己的性格了。

在现实生活中，"巴纳姆效应"是一种常见的现象。比如人们让算命先生算命后，有时会认为某个算命先生太料事如神了，所描述的状况完全契合了自己的处境。

其实，一般而言，春风得意、没有困惑疑虑的人是不会求助算命先生的，惯于算命的人常常是情绪处于低落和失意的时候，此时他们对生活失去了控制，缺乏安全感，很容易受到暗示的影响。

加之算命先生总是善于察言观色，揣摩他人的心意，他们应景地说一些无关痛痒的笼统话，人们便会对算命先生崇拜起来，从而中了他们的圈套。

P.14 一个活人解释了半天，仅仅只为证明自己不是死人

苏东坡效应：你所认识的自我往往不是最真实的自我

歪读

两个砍柴人敲林中小屋的门。

"您好。"

"您好。"屋主人回答道。

"我们刚才在林中发现了一具尸体，我们担心会是您呢？"

"什么样的呢？"

"跟您的身材差不多。"

"是穿红色法兰绒衬衫吗？"

"不是，是深棕色的。"

"那么说，谢天谢地，他不是我。"

正解

"自我"时刻与你共存，但是屋主人却无法意识到"自我"的存在，凭借外围的信息来认知"自我"——不识庐山真面目，只缘身在此山中。

秒懂

"不识庐山真面目，只缘身在此山中"——明明就站在这座山中，却偏偏不识其真面目。明明自己就拥有"自我"，却偏偏不自知，或者仅形

成一个模糊的认识。这就是"苏东坡效应"。

一位美国心理学家做了这样一个实验，他找来25个人，这些人都是相互熟识的人，比较了解彼此。实验者请他们每个人分别根据9个标准，即文雅、幽默、聪明、爱交际、讲卫生、美丽、自大、势利和粗鲁，对所有包括自己在内的人排名次。比如，根据文雅标准，谁最文雅排第1，其次为第2……以粗鲁为标准，谁最粗鲁排第1，其次排第2……也就是说，每个人都要对自己和其他24个人进行评价，这样，每个人的每个方面都有一个自我评价，还有24个他人做出的评价。经过统计分析发现，这25个人身上都有不同程度的夸大优点和掩饰缺点的倾向。例如，有一个人自以为自己的文雅程度应该名列前茅，可是把其他24个人在这方面给他评定的名次平均一下，他的"文雅"程度仅列第二十几名。还有一个人，对自己"爱清洁"的品质的名次比他人给他的平均名次提前了5名，对"聪明"和"美丽"的程度的评价都提前了6名，而对自己"势利""自大"和"粗鲁"程度的评定却比别人评得低，他定的名次比别人给他定的后退了6名。

实验表明，人们对优良品质的自我评价常常比别人的估计高，对不良品质的自我评价则比别人估计得低，也就是说人们更容易抬高自己，无法客观地看清真实的自己。

"苏东坡效应"有其产生的必然性。美国的一名控制论专家创立了模糊集合理论，它认为普通的集合是具有某种属性的对象的全体，这种属性所表达的概念应该是清晰的和界限分明的，因此每个对象对于集合的隶属关系也是明确的。但是人们的思维中却存在着很多模糊的概念，比如年轻、很大、暖和和傍晚等，这些概念所描述的对象属性不能简单地用"是"或"否"来回答，因而对象对集合的隶属关系也不是明确的和非此即彼的。客观世界的模糊性自然导致人的思维往往不能全面地、精确地反映客观，这就使人脑的模糊性和不确定性大于客观模糊性，使人们难以真实地认知自己。

此外，人还是名目繁多角色的扮演者，比如爸爸、老师、兄弟、上级、下属、顾客和患者等，诸多角色集于一身，自然又增添了人们认识自我的难度。

𝒫15　我在历史方面真的很差劲

鸡尾酒会效应：你总是听到你想听到的

歪读

在一次鸡尾酒会上，乔治结识了当地一位著名的精神病医生。几句寒暄之后，乔治问道："不知您是否介意告诉我，您一般如何判断一个人心智不全，即使对方的外表完全正常？"

"没有比这更简单的了，"医生轻松地答道，"你只需问几个简单的问题，对于心智正常的人来说，回答这些问题不用吹灰之力，而如果对方有丝毫的犹豫，那么情况就有些不妙了。"

"都是些什么样的问题呢？"乔治好奇地追问道，酒会上的其他人仿佛都已经不存在了。

医生想了想，说道："嗯，举个例吧，比如说我问你，弗朗西斯船长一共做了3次环球航行，并且死在其中的一次航行当中，请问是哪次？"

乔治拼命地想了一会儿，然后紧张不安而又尴尬地笑道："医生，您能换一个问题吗？我，我，我不得不承认，我在历史方面真的很差劲……"

正解

鸡尾酒会上的交谈是一个奇妙的现象，不管人声多么嘈杂，哪怕隔着很远的距离，人们也能自如地交谈，自己与交谈者的对话完全没有被嘈杂的声音所淹没，似乎与自己无关的宾客完全不存在一样。

⏱ 秒懂

在人声嘈杂的鸡尾酒会上，人们隔着几个人仍然能与某个人聊天，清楚地听到对方在说什么，但是对于身边人的交谈内容却常常听不清楚，尤其是如果一个人正隔着很远的距离叫你的名字，不论现场多么喧闹，你也能分辨出来，向声音的发出方向望去。在鸡尾酒会上，人们总是听到了自己想听的，这种现象被称为"鸡尾酒会效应"。

对于鸡尾酒会上的这一独特现象，可用美国心理学家特瑞斯曼（Treisman）的衰减模型来解释——当人的听觉注意集中于某一事物时，意识将一些无关的声音刺激排除在外，而无意识却监察外界的刺激，一旦一些特殊的刺激与自己有关，就能立即引起人们的注意。这一效应也有心理学实验为证，实验者让被试者戴上耳机，让他的两个耳朵听内容不同的东西，在听的过程中，让被试者说出其中一个耳朵（追随耳）听到的内容。当摘下耳机后，则要求被试者说出另一个耳朵（非追随耳）听到的内容。结果发现，被试者一般都没听清楚非追随耳的内容，即使当原来使用的英文材料改用法文或德文呈现时，或者将材料内容颠倒时，受试者也很少能够发现。

实验表明，从追随耳进入的信息，受到了被试者的注意，而从非追随耳进入的信息，被试则没有注意到。不过，如果在非追随耳的内容中加入受试者的名字，受试者则能清楚地听到——这也是人们在鸡尾酒会上对自己的名字非常敏感的原因所在。

$\mathcal{P}$16　问题相同，只是提问的顺序变了

库里肖夫效应：电影创作所依赖的认知基础

歪读

腓特烈大帝拥有一支巨人卫队，由于这些人个子极高，要想找到同样高大的人补充卫队是很困难的，况且腓特烈大帝还立下规矩：不会德语的人不能进入巨人卫队。这样一来，负责挑选卫兵的侍卫长就非常难办，他有时只好选择一些个子够高而不会说德语的人，教他们一些德语，以便回答国王的简单提问。

腓特烈大帝经常检阅守卫城堡的士兵，他每次都要向他所见的卫兵问这样3个问题："你多大年纪？""你到我的卫队多久了？""你对这里的伙食条件是否都是满意的？"

因此，侍卫长首先要教会不会讲德语的新兵怎样回答这3个问题。

一天，国王同一个新兵谈话时，决定把问题的顺序换了一下。他首先问："你到我的卫队多久了？"

那个年轻的卫兵立即答道："报告陛下，20年。"

腓特烈十分惊讶，接着问："那么你多大年纪？"

"报告陛下，6个月。"

国王听后非常生气，问道："到底我们两个谁是傻瓜？"

卫兵很有礼貌地回答："报告陛下，都是。"

正解

如果想制造新奇的效果，某些时候并不需要改变事物的元素，只要把元素的顺序变换一下即可。

秒懂

苏联电影导演列夫·库里肖夫为了弄清楚蒙太奇（注：蒙太奇是一种拍摄手法，制作者根据影片所要表达的内容和观众的心理顺序，将一部影片分别拍摄成许多镜头，然后再按照原定的构思组接起来）的并列作用，从某一部影片中选了演员莫兹尤辛的一个特写镜头，这个特写没有任何表情。然后，库里肖夫把这个镜头与其他影片的小片断连接成3个组合。在第1个组合中，特写后面紧接着一张桌上摆了一盘汤的镜头；第2个组合是莫兹尤辛面部的镜头与一个棺材里面躺着一具女尸的镜头紧紧相连；第3个组合是这个特写后面紧接着一个小女孩在玩着一个滑稽的玩具狗熊。

最后，库里肖夫把这3种不同的组合放映给观众看，结果看了3个组合的观众都对演员的表演大为赞赏，观看第1个组合的观众从那盘放在桌上没喝的汤，看出了莫兹尤辛沉思的心情；观看第2个组合的观众则看到演员沉重悲伤的表情，并且也非常感动；而观看第3个组合的观众则看到了演员轻松愉快的微笑，一起跟着高兴起来。因此，库里肖夫认识到造成观众情绪反应的并不是单个镜头的内容，而是几个画面的并列：单个镜头只是电影的素材，蒙太奇的创作才是电影艺术！——这便是库里肖夫效应。

库里肖夫效应是一个关于认知的心理效应，说明人的认知并不完全依赖于单个场景或者单个元素，还取决于这些场景或者元素的连接顺序。比如，有这样3个片段，一是一张微笑的脸，二是一张惊恐的脸，三是对着一个人瞄准的手枪。如果按照先微笑的脸、继而瞄准的手枪、最后惊恐的脸的顺序将这3个片段连接起来，人们就会认为这个人是一个懦夫；然而，如果我们把顺序变换一下，按照如下的顺序连接片段：惊恐的脸、瞄准的手枪、微笑的脸，人们则会认为这个人很英勇。

正是由于人的认知存在库里肖夫效应，才使得电影导演在创作时有了充分的发挥空间。人们平时所看的电影，在创作时，制作者并不是按照事件的发生顺序拍摄镜头的，而是导演按照剧本或影片的主题思想，分别拍成许多镜头，然后再按原定的创作构思，把这些不同的镜头有机地、艺术地组织、剪辑在一起，使之产生连贯、对比、联想、衬托和悬念等联系，从而构成一个符合一定逻辑的故事。

$\mathcal{P}$17　一个精神病人，操心另一个精神病人

锐化效应：为什么企业倾向于聘用有共同愿景的员工

🐼 歪读

两位精神病人 A 君和 B 君同时康复，他们的主治医生对他们说："如果你们其中的一个人犯病了，另外一个人就要马上把他送回医院。"

一天，医生的电话铃响了起来，原来是 A 君："不得了了，B 君从今天早上开始爬在我家的厕所里，非说他是我的马桶。"

"快，快把他送来啊！"

A 君沉默片刻："那……我不就没马桶了吗？"

✅ 正解

A 君坚信 B 君就是家里的马桶，即使 A 君觉得 B 君的行为有些失常，但是他也十分认同 B 君是马桶这一事实——这种现象便是心理学中所说的"锐化效应"。

🕐 秒懂

在社会知觉中，心理学家波斯托曼做了有趣的实验，他事先对被试者所重视的价值做了调查，然后准备一些与这种价值相关的单词，并用瞬时显示器把这些单词出示给被试者。当波斯托曼测定被试者的认知阈限时发现，以前认为价值越大的单词，认知阈限就越低。也就是说，人的价值观对其知觉是有促进作用的。这种由主体方面的内在条件而促进知觉的现象，

就叫做知觉的"锐化效应"。

人在进行知觉判断时,一般是凭着贫乏的信息来对事物形成完整的印象的,在波斯托曼的实验中,人们所重视的价值便是他们所拥有的贫乏的可见信息,当遇到与其价值相关的单词时,这些信息就对他们的知觉起到了锐化的作用。比如,当人们在知觉某个对象前,如果你认为人最应该拥有的人格素质是诚实,那么,当你知觉特定的对象时,你就会按照这一价值观去认知这个人,哪怕这个对象只是出现了微不足道的带有诚实信息的表现,你也会认为对方是一个诚实的人,进而觉得其还可能具有善良、热情、随和和温柔等性格品质。

目前,很多企业在招聘员工时,对于应聘人员的考评都上升到价值观层次上,特别注重应聘者个人价值信念与企业现行价值准则的契合程度的考察,企业把员工与企业是否拥有共同愿景视为选聘与否的重要条件。一般而言,这些企业从能力和价值认同的关系角度,将所有受雇人员分为4类:其一,将价值认同高并且能力强的人称为企业英雄;其二,价值认同低能力弱的人是企业坚决解聘的对象;其三,价值认同高但能力差的人,对其进行培训和开发以后再聘用;其四,价值认同低甚至反对企业价值观而能力强的人,企业坚决弃而不用,哪怕以一些短期损失为代价。从根本上来看,企业之所以采取这种招聘策略,就是因为员工的价值观对其执行工作任务、履行工作使命可起到一定的锐化作用——员工具备什么样的价值观,他的态度和行为就会出现什么样的倾向性。

记忆心理学篇

——为什么人的很多行为和语言都是无意识的

01　你那么健忘，不要连自己的名字也忘了

艾宾浩斯记忆遗忘曲线：为什么重复是记忆的良策

歪读

史密斯是个年轻的律师，他很能干，但是十分健忘。

有一次，他被派往圣路易斯去会见一位重要的诉讼委托人，以解决一件疑难案件。

第二天，他那个事务所的老板收到他从圣路易斯发来的一份电报："忘记诉讼委托人的姓名，请即电复。"

老板复电："委托人的名字叫霍布金斯，你的名字叫史密斯。"

正解

如果史密斯在获知委托人的名字后，不断对此进行重复，或许就不会发生遗忘委托人姓名的尴尬事。

秒懂

德国心理学家艾宾浩斯（H.Ebbinghaus）通过研究发现，遗忘在学习之后立即开始，而且遗忘的进程并不是均匀发生的，而是最初遗忘速度很快，随之逐渐减慢。他由此得出结论"保持和遗忘是时间的函数"，并根据实验结果绘成描述遗忘进程的曲线，即著名的艾宾浩斯记忆遗忘曲线。艾宾浩斯记忆遗忘曲线，又称为"艾宾浩斯记忆保持曲线"，曲线的纵坐标代表了记忆的保持量，横轴表示时间（天数），曲线表明了遗忘发展的一条规律：

遗忘进程是不均衡的，在识记的最初遗忘很快，以后逐渐缓慢，到了相当的时间，几乎就不再遗忘了，也就是遗忘的发展是"先快后慢"。有人做过一个实验，两组学生同时学习一段课文，甲组在学习后不久进行一次复习，乙组不予复习，一天后甲组保持98%，乙组保持56%；一周后甲组保持83%，乙组保持33%——乙组对于课文内容的记忆遗忘平均值比甲组高。

遗忘的进程除了受时间因素的制约外，还受其他因素的制约。艾宾浩斯在关于记忆的实验中发现，记住12个无意义音节，平均需要重复16.5次；记住36个无意义章节，需重复54次；而记忆6首诗中的480个音节，平均只需要重复8次！——一般而言，人们最先遗忘的是那些没有重要意义的、不感兴趣的和不需要的材料。

艾宾浩斯记忆遗忘曲线启示人们，如果想取得理想的记忆效果，便要不断地对记忆材料进行重复，并且最好在理解的基础上记忆——否则，你的遗忘速度会快于你的记忆速度。

P02　地狱来函，我在这里过得很好

自我参照效应：当记忆材料与自我相联系时，记忆效果会更好

歪读

不久前，美国一名叫托马斯的男子去迈阿密度假，他的妻子琳达由于正在忙于公务旅行，便只能次日到迈阿密与丈夫会合。

托马斯在海滩的椰子树下度过了美好的一天，回到旅馆后，他决定给妻子发一封电子邮件，告诉她迈阿密的确是一个妙不可言的地方。

由于托马斯没找到记有妻子电子邮箱的纸条，所以完全凭记忆输入了地址，并祈祷不要出什么差错。但不幸的是，托马斯搞错了一个字母，电子邮件送到一位新教牧师的妻子那里，而这位牧师恰好于前一天逝世了。

晚上，牧师的妻子打开电子邮箱，准备看一看收到的唁电。当她在计算机屏幕上看"丈夫"发来的邮件后，惊得大叫一声，从椅子上跳了起来，重重地摔在地上死了。她的家人后来在计算机屏幕上看到了下面这封电子邮件：

我刚刚到达目的地。尽管到这里的旅途很长，但值得一来。这里的一切都很美，树木、花园、聚会……虽然到这里的时间不长，但我感觉好像到了家里一样。现在，我准备休息了。我只想告诉你，这里的人已经为你明天的到达做好了准备。我敢肯定，你一定会很喜欢这个地方。

永远爱你的丈夫

另：你要做好准备，这里像地狱一样热！

✅ 正解

虽然托马斯在邮件中描述的事情与牧师妻子的境遇毫不关联，但是由于受到"自我参照效应"的影响，牧师的妻子却把邮件视为了丈夫的地狱来函，在恐慌的情绪中死于非命。

⏱ 秒懂

所谓的"自我参照效应"，指的是当记忆材料与自我相联系时，记忆效果要显著优于其他编码条件。也就是说，在接触新的信息时，如果它与我们自身密切相关，则学习时就有动力，而且不容易忘记。举一个简单的例子，比如，对中国人而言，相对美国历史，他在学习本国历史方面，效果要更好。

安德鲁·杰克逊是美国历史上最出色的政治家之一，他曾经于1837年出任美国总统。当他妻子死后，他对于自己的健康状况变得十分担忧，因为家里已有好几个人死于瘫痪性中风，安德鲁担心自己也会被同样的病患夺去生命，所以他每天都疑神疑鬼地怀疑病患已经不期而至。

一天，安德鲁在一个朋友的家中与一个年轻的女士下棋，突然，他的手垂了下来，脸色苍白，呼吸沉重，看上去非常虚弱。他的朋友见状，便走了过来，问安德鲁发生什么事了。

安德鲁无力地说道："最终还是来了，我得了中风，我的整个右侧都瘫痪了。"

"你是怎么知道的呢？"朋友问。

"因为，"安德鲁答道，"刚才我在自己的右腿上捏了几次，但是我什么都没有感觉到。"

这时，那位年轻的女士说道："可是，先生，您刚才捏到的是我的腿啊！"

在上面这个故事里，也有着"自我参照效应"的痕迹——人们常会情不自禁地将自身与情境中的信息联系起来，即使情境中的信息与个体之间毫无关联。比如，一个人在看一本关于身体健康的书，每当他看到一种关于身体不良症状的介绍时，他就会不自觉地想到自己是否出现过类似的症状，如果有，则他就会怀疑自己的身体是否潜伏着某种严重病患。

P03 都战国了，还在为周文王发愁

蔡加尼克效应：为什么记在备忘录上也会失效

歪读

艾子来到齐鲁之地讲道，来听讲的人每次都有好几百人。一天，当艾子讲到周文王被囚禁在羑里时，齐宣王正好召见他，他来不及讲完就应召去了。

听众中有个人入了迷，他闷闷不乐地回到家里，妻子关心地问他：“您每天听完艾夫子讲道之后，回到家里都很高兴，为什么今天却这样忧愁？”他说：“今天一早，我听艾夫子说周文王是个大圣人，如今却被他的国君殷纣囚禁在羑里，我可怜他无辜被囚，所以非常烦闷。”

妻子想宽慰他，就说：“虽然文王现在被囚禁着，不过时间长了他一定会被赦免的，不会一辈子遭受囚禁的！”

此人叹息着说：“我倒不担心他放不出来，只是想到今夜他要在牢内度过，我就替他发愁啊！”

正解

由于艾子的讲道只进行了一半，导致一些听众对此念念不忘，原因在于人们总是倾向于为未完成的故事而牵肠挂肚。

秒懂

蔡加尼克效应是指对未完成工作的记忆优于对已完成工作的记忆现象。

20世纪20年代，苏联心理学家B.蔡加尼克做了以下一项研究。

她分派给被试者15～22种不同的任务。有些任务属于手工操作的性质，有些任务则明显要求智能的运用。这些任务繁简不一，例如写下一首你喜欢的诗、从55倒数到17、完成拼板、演算数学题、把一些颜色和形状不同的珠子按一定的模式用线穿起来等。完成每次任务所需要的时间大体相等，一般为几分钟。

在实验中，蔡加尼克只让被试者完成一半任务，例如当被试者进行一些智力任务时，允许他们坚持完成，直到发现答案为止；当被试者进行另一半任务时，主试者则中途打断，让被试者停止操作而做其他的事情。在这个过程中，允许做完和不允许做完的任务的出现顺序是随机排列的。

当实验结束后，在出乎被试者意料的情况下，立刻让他们回忆做了22种什么任务，结果发现，约有50%的任务能被回忆起来；未完成的任务平均被回想起68%，已完成的任务只能被回想起43%——前者是后者的1.6倍。

蔡加尼克认为，这种效应是由于完成任务的需要而引起的紧张状态所造成的。当一项任务没有完成就受阻止时，紧张状态还要持续一段时间，最多持续24小时，有时只持续十几分钟，这时被试者的思想仍然比较容易指向未完成的任务，从而被回忆起来的可能性就大些。

后来的一些心理学家也曾重复过这类实验，大部分都证实了"蔡加尼克效应"的存在，并对效应的存在给予了如下解释。

（1）中途中断任务会引起被试者的一种不满的自我体验，它导致被试者为发泄这种不满而激发动机，从而产生更多的回忆。

（2）中途中断任务具有一种强化的效应，促使被试者做出力图完成任务的反应。

（3）从格式塔理论角度说，被试者具有一种力求完整的心理，中断破坏了这种完整性，导致被试者为争取完整性而提高记忆保持率。

（4）被试者的强化史影响保持率，也就是说如果被试者过去有过完成任务获得奖励的体验，则中断就会推动这种奖励，所以被试者为追求奖励而在意念中需要完成任务，这就会产生一种更好的回忆比率。

关于"蔡加尼克效应",很多人应该都有切身体会,比如,你担心自己忘了某个重要约定,特意把它记录在备忘录上,但是最后还是忘记了,这是因为一个该做的事情往往会在人心理上引起一个张力系统,但写进备忘录这个行动代替了践约,心理上认为这件事情已经做好了,结果张力系统放松了。而没有这种替代措施时,张力系统仍在继续,反而更记得住。

与此同理,惯于考前"开夜车"的学生常常在通过考试后,很快就遗忘了所考过的东西,这种现象便是学生放下重负后张力系统迅速松弛的结果。

P04　你的样子很像我的第三任丈夫

既视感：你为什么会对某些事物、某个场景感到似曾相识

歪读

在一个宴会上，有个妇人一直盯着附近一位绅士。绅士感到很尴尬，决定去问个清楚。他客气地问他们是否在哪里见过面。

"我们从未见过面，"她答，"可是你的样子很像我的第三任丈夫。"

"你结过3次婚？"他问。

"不，只结过两次。"

正解

如果你曾经感觉某些时候见过某个陌生人、经历过某个场景、见证过某个事件，除了你可能真有过此经历外，还可能是因为你产生了"既视感"。

秒懂

你是否有过这样的经历：突然感觉眼前的场景无比熟悉，对于每个细节都感到似曾相识，甚至对于接下来所要发生的一幕，你也了如指掌，恍若昨日重现一般。这种似曾相识的感觉便是"既视感"，指的是人们在现实环境中突然感到自己曾于某处亲历某个画面或者经历一些事情的感觉，就是没见过的场景、事物却仿佛见过的一种错觉。

根据目前心理学界的定义，既视感包括如下3种类型。

（1）某种场景好像在何时经历过

这是最常见的一种既视感，特点是感觉强烈，细节清晰，不仅是视觉，连听觉、味觉、嗅觉、触觉及周围的一切，都好像是过去某个时刻的全部复制，就如同过去某个事件被你遗忘，现在突然想起来一样。不过，事实上，这并不是你所恢复的记忆，因为这种场景一般很短，只有几秒至几十秒。

（2）某种感觉好像在何时有过

这种感觉与场景经历不同的是，你所经历的不再是某个场景，而是某种感觉，无论这种感觉是愉悦还是郁闷，你都会感到好像与这种感觉重逢一样。

（3）某个地方好像在何时去过

这种感觉的经历者是最少的，具体表现为一个人到达某个从未去过的地方时，感觉周围的环境是如此熟悉，对周围的每个细节都了如指掌，仿佛曾经生活在这个环境中很长时间一样。

据科学调查显示，大约70%的人在一生中至少经历过1次既视感。人们为什么会出现这种似曾相识的感觉呢？——心理学家认为这是因为在某些时候，人们无意识接受了某些信息，但自己却浑然不知，当人们再次接触无意识所接受的信息时，就会感到好像似曾相识一样。比如，你去朋友家做客，你忽略了朋友家墙上的一幅油画，虽然主观上你不认为自己看到过这幅画，但是实际上这幅画的信息已经被你的记忆库所记录和所存储。经过一段时间后，当你再次看到这幅画时，你的大脑所记录和存储的相关信息就会被调出来，你就会想当然地认为已经看过这幅画了，于是，既视感便产生了。

尽管很多人都会出现这种"似曾相识"的主观体验，但是每个人所发生的频率是不一样的。一般而言，人们更容易对一些与情绪密切相关的事情记忆深刻，因此当人们处于一种情绪不稳定的状态时，"似曾相识"发生的概率就比较大。

$\mathcal{P}$05 我只记得说"不行"，但想不起对谁说的

睡眠者效应：脑白金广告为什么会导致产品的热销

🐼 歪读

"亲爱的克拉拉，"年轻的男子在字条上写道，"请原谅我再次打扰你。我的记忆如此之坏！我昨天向你求爱，而现在竟一点儿也不记得你当时说的是'行'还是'不行'。"

"亲爱的威尔，"年轻的女子用纸条回答说，"见到你的字条真高兴。我记得昨天我说的是'不行'，但是我实在想不起是对谁说的了。"

✅ 正解

一般而言，在信息接受方面，当时过境迁后，信息本身对人们的影响力不再被信息源所影响，也就是说，人们更容易记住信息而忽略信息源。以此来看年轻男子不过是希望通过一个遗忘谎言，来求得女子的回心转意。

⏱ 秒懂

所谓的"睡眠者效应"，指的是由于时间间隔，导致人们容易忘记信息的来源，而只保留了对内容的模糊记忆。

心理学家凯尔曼和卡尔·霍夫兰本来研究的命题是"信息高低可靠性的影响有多久可保持，会不会随时间的推移而发生变化？"结果在进行研究时，他们意外发现了"睡眠者效应"。

在一个实验中，他们向两组被试的学生出示一篇名为"司法制度应从

宽处理少年违法者"的读者来信，阅读者在甲组中扮演一位知识渊博、公正无私和值得信赖的人，在乙组中扮演一个无知、有偏见而又不负责任的人。当阅读者读完信件后，实验者让被试者表态。

结果显示，甲组的被试者比乙组的被试者更加认可信件的内容，这便说明高可信性信息源对被试者的态度影响较大。3周后，实验者再次询问被试者对来信内容所持的态度。

在询问时，实验者让两组中各一半被试者重复阅读者的信息，另一半则不提及。结果发现：两组中回忆阅读者的被试者，其赞同程度都有所下降，而且下降幅度差不多。而两组中另一半没有提及阅读者的被试者，赞同程度发生了明显的变化，前者下降，后者上升——他们的赞同程度几乎不存在差异。

对于上述现象，心理学家的解释如下。

如果信息传播源是一个威信高的人，在他说话刚结束时，他的说话内容对受传者的影响是颇大的，但是隔了一段时间后，由于受传者忘记了说话者，而只记得说话的内容，结果其影响明显有了降低——可见，其中降低的这部分影响效果主要少去了说话者威信高所产生的情感效应；如果信息传播源是一个威信较低的人，那么，在他说话时，他所传播的信息产生的影响是很小的，但是过了一段时间后，听话者对说话者的印象便逐渐变得淡薄，只记得他当初说了什么，这便导致信息的影响力有了明显的提高——由于说话者的威信低所产生的情感效应降低，以致提高了听话者对他所传播信息的认可度。

"睡眠者效应"启示人们，人们在接受信息时，如何对信息做出感应除了与信息本身内容有关外，还与信息的提供者的威信紧密相关，不过随着时间的流逝，信息提供者对于信息接收者的影响就逐渐变得微小，人们的态度主要还是取决于信息本身。

关于脑白金广告，自从其在媒体上播出后，负面评论便不绝于耳，广告业内人士决然地将其视为毫无美感和创意的失败案例，但是凭此广告，脑白金创下了几十个亿的销售额。为什么一个让大多数人反感的广告反而导致产品的热销呢？国外一名消费行为学家认为：过多地重复广告信息虽然引起受众的反感，但却不影响受众对信息的记忆及日后的商品购买行为，随着时间的推移，人们那些愉快或不愉快的情绪反应都会不复存在，只有广告信息本身牢牢地保持在消费者记忆深处——从根本上说，这就是一种"睡眠者效应"。

$\mathcal{P}$06　威慑力作用大，被告吓尿了

目击证人的记忆：证人真的陈述了事实的真相吗

歪读

一位法律系学生到法院实习，审判一件杀人案，他指着凶器问被告："你见过这把刀吗？" 实习生反复向被告交代了政策，可被告仍然矢口否认。退庭后，实习生回忆这次审判，觉得自己态度不够严厉，缺乏威慑力。于是，第二天开庭时，他紧皱双眉，圆睁双目，拍着桌子厉声问道："说！见过这把刀吗？"

"见过。"被告低声回答。

实习生认为自己的威慑力发挥了作用，他又拍了下桌子，问道："说！什么时间？什么地点？"

"昨天，这里。"被告哆哆嗦嗦地答道。

正解

人们总是试图寻找真相，在法庭上，证人几乎等同于事实的真相，然而由于人们常被记忆机制所捉弄，证人所提供的自以为是的真相其实也只是记忆开的一个玩笑。

秒懂

在刑侦电视剧中，人们常会看到证人在法庭上这样起誓："我以我的人格及良知担保，我将忠实履行法律规定的作证义务，保证如实陈述，毫

无隐瞒。如违誓言，愿接受法律的处罚和道德的谴责。"因此，对于"证人"这个字眼，人们便把其解读为提供客观证据的人，当然被利益集团和个人所收买的作伪证的人除外。然而，心理学研究证明，很多证人提供的证词都不太准确，或者说是具有个人倾向性，带着个人的观点和意识。

心理学家洛夫特斯和同事对目击证人的记忆进行了研究，他们发现，目击证人对于所看到信息的记忆很容易被事后信息所歪曲。在一项研究中，他们给被试者看一个关于车祸的电影，然后让被试者估计车的行驶速度。对于第一组被试者，实验者进行如下提问："当两辆车相撞时，它们开得有多快？"当这样提问后，这一组被试者估计车速超过了 40 公里 / 小时；对于另外一组被试者，实验者这样问被试者："两辆车接触时，它们开得有多快？"结果，这一组的被试者给出的答案为"30 公里 / 小时"。大约一个星期后，实验者分别问两组被试者："你是否看到了玻璃碎片？"事实上，影片中根本没有玻璃碎片出现，然而，结果却很让人诧异——第 1 组的被试者有1/3 的人声称他们看到了碎片，第 2 组被试者只有 14% 的人说他们看到了玻璃碎片。这项实验证明，看到事件后的信息对于目击证人的报告有潜在影响。

此外，另有心理学家研究证明，证人对他们证词的信心并不能决定他们证词的准确性。

心理学家珀费可特和豪林斯让被试者看一个简短的录像，是关于一个女孩被绑架的案件。第二天，让被试者回答一些有关录像内容的问题，并要求他们说出对自己回答的信心程度，然后做再认记忆测验。

接下来，使用同样的方法，让被试者者回答一些一般知识问题，这些问题来自百科全书和通俗读物。

珀费可特和豪林斯发现，在证人回忆的精确性方面，那些对自己的回答信心十足的人实际上并不比那些没信心的人更高明，但对于一般知识来说，情况就不是这样，信心高的人回忆成绩比信心不足的人好得多。

对于上述实验，心理学家给出了如下解释。通常来说，人们对于自己在一般知识上的优势与劣势有自知之明，这是因为一般知识是一个数据库，在个体之间是共享的，它有公认的正确答案，所以被试者可以自己去衡量。

比如，人们会知道自己在体育问题上是否比别人更好或更差一点。但是，目击的事件不受这种自知之明的影响，比如，从总体上讲，人们不太可能确切知道自己比记忆事件中的某个人的头发颜色更好还是更差。

通过上述分析可以得知，即使证人在法庭上主观认为他们已经提供了事实的真相，但是某些时候，这种真相已经是被证人的记忆所加工过的"伪真相"。

人格心理学篇

——为什么多数时候我们无法正确认识自我

P01　修女想喝酒，喝之有道

人格面具：虚伪是社会对人的必然要求

歪读

一个老酒鬼刚要走进酒吧，一个修女走上劝阻道："酒是罪恶和毁灭的根源，饮酒会污染你的肉体和灵魂，远离酒精走向正途吧！"

酒鬼看了看修女，问道："你怎么知道喝酒不好？"修女耸了耸肩没有回答。

酒鬼见状，问修女："你从未喝过酒吗？"

"没有。"

"那我们一块儿进去。我请你喝一杯，你会知道酒精并不是坏东西。"

修女想了想，说道："好吧，我试试，不过我要是进去，别人会误会的。这样，你进去给我要一杯，记住要用纸杯。"

酒鬼走进酒吧，对侍者说："两杯威士忌，一杯用纸杯。"

侍者嘟囔道："准是那个修女又在外面！"

正解

可以看出，那个修女是喜欢喝酒的，但由于她自身的社会角色（修女）所限，为了避免饮酒的行为受到其他人的批判，她采取了迂回的方法，以维护自己的"人格面具"。

⏱ 秒懂

"人格面具"是瑞士心理学家和精神分析师荣格所提出的精神分析理论之一，指的是一个人公开展示的一面，它是个体内在世界和外在世界的分界点。"人格面具"是靠人们的身体语言、衣着和装饰等特征来体现，人们以此告诉外部世界自己是谁，借用人格面具去表现理想化的自己。人们之所以要佩戴"人格面具"，是为了给其他人一个好的印象，以得到社会的认同，保证自己能够与其他人，甚至那些不喜欢的人和睦相处，从而实现个人的目的。从某种意义来看，这也导致"人格面具"维护了人的虚伪与怯懦，这种反应来自于自身对未知事物或人的恐惧，以致启动了心理防卫机制，使人不自觉地步入了与真实人性不同的心境。

"人格面具（persona）"的叫法最初出自希腊文，本义是指使演员能在一出剧中扮演某个特殊角色而戴的面具，是人类在社会生活中具有各个层面适应性的能力，它是为了使个人在社会上得到某种身份的认可而存在的。荣格认为："人格最外层的人格面具掩盖了真我，使人格成为一种假象，按着别人的期望行事，故同他的真正人格并不一致。人可靠面具协调人与社会之间的关系，决定一个人以什么形象在社会上露面……人格面具是原型的一种象征。"

"人格面具"具有多重性——在家中时，人们是父亲、丈夫和爸爸，在职场上，人们又换上了"领导"和"下属"等面具，当所佩戴的面具不同时，人们的行为方式也会出现一定的差异，比如，一个出言不逊、看似冷漠、凶悍的部门领导在面对女儿时，也许会表现出性情温顺的姿态。

"人格面具"的产生不仅是为了认识社会，更是为了寻求社会认同。也就是说，"人格面具"是以公众道德为标准的，是以集体生活价值为基础的表面人格，具有符号性和趋同性。荣格认为，人格面具在人格中的作用既可能是有利的，也可能是有害的。

关于"人格面具"有利的一面，它使人们的行为更符合社会规范，在社会规范认同的范围内，有助于带来和谐的人际关系，因为真实的人们有时候是并不受欢迎的，比如，一个朋友让你评价他的新发型，你真实的想法很可能是"太糟糕了"，但是你往往不会这么表达，而是告诉对方："这个新发型很适合你的脸型"。

　　不过，"人格面具"对人也有消极影响，如果一个人过分地热衷和沉浸于自己所扮演的角色，认为自己就是自己扮演的角色，人格的其他方面就会受到排斥，以致人们受到"人格面具"的支配，逐渐与自己的天性疏远而背离。

P 02 终于知道，原来自己如此难看

周哈里窗：到底有几个"我"

歪读

一对年轻夫妇去看画展。妻子是一个高度近视眼，她站在一幅大画前仔细地看了老半天，然后大声地喊了起来："我的天哪！这位妇人怎么如此难看？"

"亲爱的，别大惊小怪，"丈夫连忙走上前去悄悄地告诉妻子："这不是画，是镜子！"

正解

如果借用"周哈里窗"模式来解读上述笑话的话，"妇人难看"的事实信息便属于"盲目我"的区域。

秒懂

在自我认知领域，心理学家鲁夫特与英格汉提出了"周哈里窗（Johari Window）"模式，用"窗"喻指一个人的心，普通的窗户分成4个部分，人的心理也是如此，人的内在可以分为4个部分：开放我、盲目我、隐藏我和未知我。

（1）开放我

左上角那一扇窗称为"开放我"，也称为"公

周哈里窗（Johari Window）

	我知	我不知
他知	Open 开放我	Blind 盲目我
他不知	Hidden 隐藏我	Unknown 未知我

众我"，属于自由活动领域。这是自己清楚别人也知道的部分，符合"当事者清旁观者也清"的逻辑。

比如，人们的性别、外貌，以及某些可以公开的信息，包括婚否、职业、工作生活所在地、能力、爱好、特长和成就等。

"开放我"的大小取决于自我心灵开放的程度、个性张扬的力度、人际交往的广度、他人的关注度和开放信息的利害关系等。

"开放我"是自我最基本的信息，也是了解自我和评价自我的基本依据。

（2）盲目我

右上角那一扇窗称为"盲目我"，也称为"背脊我"，属于盲目领域。这是自己不知道而别人却知道的部分——可以是一些很突出的心理特征，比如有人轻易承诺却转眼间忘得干干净净；也可以是不经意的一些小动作或行为习惯，比如一个得意的或者不耐烦的神态和情绪流露——自我常常察觉不到这些关于自我的信息，但是别人却心知肚明。

盲目点可能是一个人的优点，也可能是一个人的缺点，由于本人对此毫不知觉，当别人将这些盲目点告诉自己时，一般会产生或惊讶、或怀疑、或辩解的情绪反应，尤其当听到的信息与自己的自我认知不相符时。

"盲目我"的大小与自我观察、自我反省的能力有关，通常内省特质比较强的人，盲点比较少，"盲目我"比较小。

（3）隐藏我

左下角那一扇窗称为"隐藏我"，也称为"隐私我"，属于逃避或隐藏领域。这是自己知道而别人不知道的部分，与"盲目我"正好相反，也就是人们常说的隐私，不愿意或不能让别人知道的事实或心理。身份、缺点、往事、疾患、痛苦、窃喜、愧疚、尴尬、欲望和意念等，都可能成为"隐藏我"的内容。

相比较而言，心理承受能力强的人、隐忍的人、自闭的人、自卑的人、胆怯的人和虚荣或虚伪的人，隐藏我会更多一些。

（4）未知我

右下角那一扇窗称为"未知我"，也称为"潜在我"，属于处女领域。

这是自己和别人都不知道的部分，有待挖掘和发现。通常是指一些潜在能
力或特性，比如一个人经过训练或学习后，可能获得的知识与技能，或者
在特定的机会里展示出来的才干，其中也包含着弗洛伊德提出的潜意识层
面，潜意识仿佛隐藏在海水下的冰山，力量巨大却又容易被忽视。充分探
索和开发未知我，才能更全面而深入地认识自我、激励自我、发展自我和
超越自我。

03　年代不同了，别再拿老一套说事儿

群伙效应：为什么"长江后浪推前浪，前浪死在沙滩上"

歪读

年轻的海军见习军官向战舰舰长报到。舰长是个从最底层干起、说话粗鲁的老头子，他说："小伙子，你父母也和多数人一样，想把家里最没出息的傻小子送到海上来见识一下吧？"

"不是的，长官，"见习军官恭敬地答道，"现在的情况跟你们那个年代不一样了。"

正解

据心理学家研究发现，越晚出生的人越聪明，如果知道这个结论，舰长就明白见习军官的回答并不仅是挑衅之语了，而是真理之声。

现在的情况跟你们那个年代不一样了。

小伙子，你父母也和多数人一样，想把家里最没出息的傻小子送到海上来见识一下吧？

⏱ 秒懂

一般而言，人所经历的一生，都会见证或者遭遇很多的文化历史事件，文化历史因素会在成人个体身上打下深刻的烙印。不同历史时期的文化背景总是有或多或少的差异，这些差异很可能影响到成人的智力活动。心理学家将这种文化历史因素给智力活动带来影响的现象，称为"群伙效应"。

所谓的"群伙"，指的是同一时代出生的人，如均为1950年出生者便可视为一个群伙，他们的基本背景相同或极为相似，如营养条件、受教育水平、大众媒介的影响，以及科学技术对人们的生活方式或生活风格的改变等。

发展心理学家沙依对西雅图追踪研究的数据进行分析比较后发现，处于同一年龄的不同群伙在基本心理能力上存在显著差异。比方说，1910年出生的人在20岁时达到的智力水平低于1924年出生的人20岁时达到的智力水平。

也就是说被试者的基本心理能力水平与其出生年份密切相关，出生越晚，基本心理能力水平就越高。沙依认为，这是由于社会文化历史不断发展导致的结果。

人类社会总是越来越进步，人们的营养和医疗保健条件越来越好，接受教育的机会越来越多，受大众媒介与科学技术的影响越来越大，因此，人类的整体智力水平也就越来越高。

1996年，心理学家奈瑟组织了专门的研讨会对此效应进行解释。相当一部分人认为应该排除遗传因素的影响，而从文化历史变化角度去理解这种效应的产生。因为遗传进化的效果一般不可能在这么短的时间内体现出来，而是要经过许多代。一些研究者指出，产生这种效应的文化历史因素主要体现为，随着时代的进步，人的营养状况不断改善，童年生理疾患日益减少，父母为个体成长支付了更多的爱心、学校教育条件越来越优越等。

正所谓"江山代有人才出，各领风骚数百年"，通过群伙效应，人们便可知道，如果一个人终止了时代互动，遭遇"长江后浪推前浪，前浪死在沙滩上"的悲凉是必然的。

P04　鹦鹉急了也骂人

毒气效应：平时温顺，偶尔发怒

歪读

阿明逛街时看到一个商人正在卖鹦鹉，鹦鹉羽毛艳丽，十分漂亮，阿明就问商人："这只鹦鹉会说话吗？"

商人说："当然会说！不信，你握握它的右脚。"

阿明握了握鹦鹉的右脚，只听鹦鹉雀跃地说道："你好！你好！"

阿明觉得十分有趣，商人又说："你再握握它的左脚。"

阿明又握了握鹦鹉的左脚，这时，只听鹦鹉说："再见，再见！"

阿明非常喜欢这只鹦鹉，便马上买了下来。回到家后，阿明对这只鹦鹉越看越喜欢，一会儿摸摸鹦鹉的左脚，一会儿摸摸鹦鹉的右脚，鹦鹉也听话地在"再见"和"你好"之间不断变换。

阿明突发奇想："如果我同时握住它的两只脚它会说什么呢？"于是，阿明一把握住了鹦鹉的两只脚。

只听鹦鹉大声地骂道："他妈的！你想把我撂倒啊？"

正解

当阿明握住鹦鹉的双脚后，鹦鹉口出恶语——显然鹦鹉被激怒了，有此教训，从此以后，阿明会知道这只鹦鹉不是那么好惹了，这便是心理学中的"毒气效应"。

⏱ 秒懂

有的人性格温顺，一般来说平时从来不发脾气，可是突然有一天，面对某一个过激事件，这个脾气温顺的人大发脾气，让周围的人刮目相看——人们把平时个性十分温顺偶尔也会发点犟脾气从而引起人们格外关注、重视的现象，称为"毒气效应"。这便犹如人们一直生活在美好的环境中，对于这种环境的获得并不以为然，但是有一天，因为毒气瓶的泄漏，原来让人心旷神怡的环境突遭破坏，此时，人们便会意识到能拥有美好环境的重要性。

在人际交往中，有的人温文尔雅，对于别人的请求总是说"是"，一副唯唯诺诺的样子，结果导致自己就像偶像剧《命中注定我爱你》的"便利贴女孩"一样，被人呼来唤去，完全沦为了接受指示的机器人。其实，在适当的时候，"便利贴女孩"发点脾气，对于别人的过分玩笑厉声讨伐，可以有"摆脱被忽视命运"的效果。

为什么会发生"毒气效应"呢？

（1）与人们的心理对比有关。让对方平时个性温和顺从与偶尔个性严厉暴躁会引起人们心理的强烈对比，产生强烈的心理反差，从而对发脾气人引起格外关注和省察，诱发对他重新认知的动机，并产生刮目相看的心理效果。

（2）与"毒气"的强度有关。不是什么强度的"毒气"都会产生毒气效应的。只有"毒气"强烈到一定程度才会产生，而且这种"毒气"不宜渐进泄放的，而要一步到位，一下就令人感到有毒气泄放，并直接产生必须对毒气进行防御的思想。

（3）与"毒气"泄放的时机有关。时机的选择对"毒气效应"的产生起着重要的作用。在他人心平气和时、在对方明显目中无人时，在对方得意忘形时，在对方认为万无一失时，在对方认为顺理成章时等，如能放点毒气可能会引起对方的注意，特别是一贯的支持者的"毒气"更会引起警觉。

（4）与"毒气源"的个性有关。能产生毒气效应的人，一般而言，其个性平时都是比较温和、顺从、易受暗示、细致谨慎、踏实安静和情绪不易外露，但一有脾气就可能较大，而且点中要害之处，泄放时不给人面子，不过一般不会轻易泄放。如果泄放了，就有可能一放到底。这种个性也是一般都不敢正面碰撞的，也就是"毒气效应"的效果所在。

　　不过，"毒气效应"并不宜经常使用，如果一个人动不动就大发脾气，会使周围的人产生不耐烦的心理，从而对于"毒气"麻木起来。

$\mathscr{P}$05　是盗贼还是护卫，就看他站不站在这里

角色效应：为什么说"人生如戏"

歪读

某国实行军事独裁统治后，贼盗四起，社会一片混乱。一天，最高统治者在警卫的护卫下来到金库，看到门口站着一个残疾的士兵，颇为奇怪："怎么，难道可以把金库交给一个这样的人去掌管吗？"

"请您放心，这里戒备森严，绝对不会丢失东西的。"护卫长答道。

"那为什么让这个废物站在这里呢？"

"只要他站在这里，他就不可能再到别处去偷盗了！"

正解

委派残疾的士兵看守金库，除了因为分身乏术，士兵无法实施偷盗行为外，其实在某种意义上，"护卫"的这种角色身份本身便已经难以使士兵产生偷盗的意念。

秒懂

现实生活中，人们以不同的社会角色参与家庭活动和社会活动，这种因角色不同而引起的心理或行为变化的现象称为"角色效应"。

有位心理学家通过观察发现：两个同卵双生的女孩，她们的外貌非常相似，在同一个家庭中长大，从小学到中学，直到大学都就读于相同的学校，在同一个班级读书。然而，这对双胞胎的性格却大为不同：姐姐性格开朗，

具有自主意识，喜好交际，待人主动热情，处理问题果断，较早地具备了独立工作的能力；而妹妹遇事缺乏主见，惯于依赖他人，性格内向，不善交际。

对于这个现象，心理学家非常感兴趣，经过研究后发现，双胞胎姐妹之所以会性格迥异，主要原因是她们充当的"角色"不一样。在她们成长的过程中，父母对待双胞胎的态度截然不同，虽然她们是孪生姐妹，但是父母对他们进行了不同的角色划分：姐姐应该照顾好妹妹，要对妹妹的行为负责；妹妹则必须听姐姐的话，遇事多与姐姐商量。长此以往，姐姐逐渐培养起独立解决问题的能力，时时都扮演着妹妹的"保护人"角色，妹妹则理所当然地充当着被保护的角色。

可见，被赋予了不同的角色是造成双胞胎姐妹性格迥异的主要原因。在现实生活中，人们也常会发现，那些有弟弟妹妹的人一般在性格上更加独立，更加有担当性，不经意中就会流露出照顾人的天性。

除了家庭关系赋予的角色外，社会及团队对个体所赋予的角色特征对人们的心理和行为也有很大的影响。日本心理学家长岛真夫等人，研究了班级指导对"角色"加工的意义。他们在某个小学五年级的一个班级上进行了实验。这个班级共有 47 名学生，他们挑选了在班级中地位较低的 8 名学生，任命他们为班级委员，在他们完成工作任务的过程中给予适当的指导。一个学期结束后，心理学家们发现这 8 名学生在班级中的地位发生了显著的变化——第二学期选举班干部时，这 8 名学生中有 6 名又被选为班级委员。另外，他们也观察到这 6 名新委员在性格方面，诸如自尊心、安定感、明朗性、活动能力、协调性和责任心等方面都发生了积极的变化。

上述现象也是一种"角色效应"，当人们被赋予某个角色后，为了不辜负社会和他人对自己的期待，他们便会不自觉地按照角色规范来要求自己，在角色期望和角色认知的基础上，实现角色期待和角色行为。

因此，从某种意义上来看，你的生活本来就是由很多剧本构成的，你的心理和行为不过是在饰演特定的某一个或某几个剧本罢了——看来，人生如戏的感叹其实是直指事实的。

P06 跟医生打赌自己没病，没病也给你弄出点病来

逆反效应：对外界的情感与行为做出负向心理反应

歪读

每个健康的小伙子都要服兵役，可是约翰从来没有入过伍。一位军官问他："你身强力壮的，怎么不为国家履行义务呢？""我自己也正在纳闷呢！"约翰回答说，"每次征兵体格检查，我都向军医说我没病，还掏出大把钞票和他打赌，但是我一次也没赢过！"

正解

为了避免服兵役的命运，大多数人都希望自己被诊断出病情，但约翰却积极地声明自己没病，这种相对反常的行为使军医产生了"逆反效应"。

秒懂

所谓的"逆反效应"，就是指一个人对外界的情感与行为做出负向心理反应并影响其后续行为的现象。苏联心理学家普拉图诺夫在《趣味心理学》一书的前言中，特意提醒读者请勿先阅读第 8 章第 5 节的故事。大多数读者却采取了与告诫相反的态度，首先翻看了第 8 章的内容。这就是心理学中的"逆反效应"。

关于逆反心理的出现，有如下解释。

（1）好奇心理作祟

当某事物被禁止时，越能激发起人们的好奇心和求知欲。尤其是在只做出禁止而又不加任何解释的情况下，人们更容易反其道而行之。比如，某些书籍被标明为禁书，反而刺激了人们购买此书的欲望。

（2）企图标新立异

青年时期是"逆反效应"的多发期，因为此时青少年正处于性格形成和寻找自我的时期，他们与社会的认同不仅是简单地采取适应社会规范的途径，而且还希望社会承认他的价值和地位，于是便会倾向于通过否定权威和标新立异来寻求自我肯定的满足感，往往表现得比较偏执，故意采取与其他人不同的态度和行为，以此来引起别人的注意。

（3）拥有一些独特的生活经历

比如，有的人恋情遇阻，多次遭遇失恋，便会认为人世间没有真正的爱情；有的人一向循规蹈矩、与世无争，然而一次因为自己性格弱而受到了冤枉，就会性情大变，变得粗暴、多疑和怪僻。

这种在特定条件下，其言行与当事人的主观愿望相反、产生了与常态性质相反的"逆向反应"，是逆反心理的典型表现。一旦这种心态构成了心理定式，就会对人的性格产生极大的影响，经常性地左右个体的一举一动，成为个体言行举止的一个基本特征。

情绪心理学篇

——为什么人尽量不要在情绪失控时做决定

$\mathcal{P}$01　接下来的厄运是，另一半好友也将知道我已破产

证实性偏见：为什么你会觉得在某一天坏事不断

歪读

两个西德人在路上相遇。

甲："您好！好久不见了。我最近厄运不断，所投资的股票全部赔了，老婆也跟人跑了。自从我破产以来，我的朋友有一半都不和我来往了。"

乙："那不是很好吗，您至少还有另一半真正的朋友。"

甲："好是好，只是剩下的那些朋友还不知道我已经破产了。"

您至少还有另一半真正的朋友。

"好是好，只是剩下的那些朋友还不知道我已经破产了"。

✅ 正解

朋友甲用"厄运不断"的词汇来描述自己的近期状况，很可能思维方式受到了"证实性偏见"的影响。

⏱ 秒懂

你往往会将某一天视为自己的"倒霉日"，比如早晨闹钟意外出了故障，导致你没有按时起床，你匆忙地起床后，意外地发现今天正好下雨，你在马路上打车时频频遇见载客而过的出租车，而往常你总是能发现很多空闲的出租车，你等了10多分钟才终于打上了一辆出租车。当你到达公司后，发现平时只在下午才来的老板竟然已经坐在了办公室里，而且还恰巧发现了你这个迟到者。于是，你悲愤地感觉到，这一天真是糟透了，简直是"屋漏偏遭连夜雨"，所有不好的事情都让自己遇到了。

然而真的有所谓的"倒霉日"吗？或许事实并不如此。在心理学中，有一种认知偏见叫做"证实性偏见"，认为人们总是过于关注支持自己决策的信息，即人们在主观上支持某种观点时，往往倾向于寻找那些能够支持原来的观点的信息，而把那些可能推翻原来观点的信息忽视掉。也就是说，人们普遍偏好能够验证假设的信息，而不是那些否定假设的信息，人们总是过于关注支持自己决策的信息。比如对于上述事例，当一个人因最初发生的一两件坏事情而将某一天视为自己的"倒霉日"后，便会格外关注一些"不好"的事情，通过这些"不好"的事情来证明自己厄运不断。但事实上，这一天很可能还发生了一些"好"的事情，如自己撰写的方案得到了老板的认可，一个客户打电话来告诉你他们愿意在合约上签字。但由于"证实性偏见"的存在，这些"好"的事情都被屏蔽掉了，只剩下了那些糟糕的事情——"倒霉日"的概念由此而来。

证实偏见是普遍存在的认知偏见，比如如果一个人讨厌某一位同事，便会下意识关注这名同事负面的人格素质和行为，用以证明这位同事确实不怎么样，导致这种不喜欢的情绪逐渐升级恶化，造成人际关系对立；如果一个人赞同某个观点，便会列出很多理由来证明这个观点的正确性，对于观点不合理的一面则视而不见。

　　以此来看，如果想摆脱恶劣的情绪，便要尽量从"证伪"的角度发现事实，试着去寻找那些与自己负面态度背离的事实，这样才不会庸人自扰地让自己陷入情绪苦境。

P02　鹦鹉报案，说猫很危险

共识偏见：人们不自觉地把自己的认识强加给别人

歪读

有一天，警察接到了一个电话，对方的声音非常急切："先生！救命！快救命！"

接线先生说："小姐！你慢慢说，到底发生了什么事情？"

那个声音尖叫道："有一只猫爬到我们家了！"

接线先生安慰道："小姐，一只猫爬进来不是很大的问题。"

"不行！不行！这猫很危险！很危险！"

接线先生耐心地劝说："猫真的不危险……小姐，您到底是谁？"

对方回答："我是鹦鹉！我是鹦鹉！"

正解

在警察看来，猫是没什么杀伤力的，但是对于鹦鹉而言，猫却可能夺去它的性命——警察把自己对于猫的看法强加给鹦鹉，用心理学的观点来看，这便是一种"共识偏见"。

秒懂

所谓的"共识偏见"，简单地来说，就是人们不自觉地把自己的认识强加给别人的认知倾向。比如，A 非常害怕孤独，她认为一个人过日子是一件非常恐怖的事情，因此她在 23 岁时便嫁给了一个自己不喜欢的男人，

B 则是一个奉行独身主义的女性，她在 30 岁时事业有成，但是却孑然一人，身边没有可以依赖的伴侣。当 A 遇到 B 后，A 就会觉得 B 非常可怜，因为她认为"女人干得好不如嫁得好"，然而 B 却会认为 A 的人生十分无趣——没有事业，没有爱情——就像行尸走肉一样。总之，A 和 B 都是以自己的价值观去认知对方的处境，以致对对方的真实心理和情绪现状做出了不客观的判断。

在现实生活中，人们时常会产生共识偏见误差，人们用自己意识世界的规则去解释别人的世界，以致给对方做出了类似"像笨蛋一样""十足的傻瓜""毫不理性"的负面论断。比如，一个人欣赏了一部电影，电影里的主人公是一个投资高手，他在赚取了亿万财产之后却千金散尽，将它们全部捐给了慈善机构，自己则隐姓埋名，在一个不知名的小村落里过着简单的生活。欣赏电影的这个人此时正在汲汲于声名和财富，对于身居简陋房屋的生活感到痛苦不堪，因此很可能他会对主人公的选择做出如下判断：他的脑袋一定被撞坏了！

P03　想去天堂，是死后不是现在

后视偏见：人们经常误以为自己有先见之明

😠 歪读

墨菲神甫走进一家酒吧，他问一个正在喝酒的人："你想去天堂吗？"

对方回答说："是的，神父！"

神父说："既然如此，那就立即离开这家酒吧！"

接着，神父又问第2个人："你想去天堂吗？"

"当然，神父。"第2个人回答。

"那么就离开这个撒旦的巢穴！"神父说。

随之，神父走向杰克，同样问道："你想去天堂吗？"

杰克回答："不，神父。"

神父非常诧异，他瞪着杰克说："你是说你死以后不想去天堂？"

杰克笑了："哦，我死了以后，我当然想去天堂。不过，刚才我还以为你现在就要带一批人走呢！"

✅ 正解

在神父尚未与杰克交谈前，杰克并没有正确理解神父的意图——这种认知模式可以说是"后视偏见"的反面。

⏱ 秒懂

人们往往会认为自己在事情发生时就可以预测到结果，其实他们未必可以如自己想象的那样准确地做出预测，这就是关于认知的"后视偏见"，也就是人们常说的"马后炮"。不妨看看，在你的周围，常会出现这样的人，他们自得地向你炫耀自己如何料事如神："其实我早就料到最近一段时间某某公司的股票会大涨""某某刚刚谈恋爱时，我就知道那段感情长不了""房价的上涨趋势全在我的预料之内"……当然，你也可能在不自觉的状况下，"事后诸葛亮"般炫耀自己具有先知之明。

当人们产生"后视偏见"后，对其认知世界、获取经验、建立和谐的人际关系有非常大的负面影响。

其一，如果一个人认为很多事件的结果都在自己预料之内，他便不会从中吸取经验。比如，当一个所投资的股票出现暴跌后，如果他认为自己当初已经预知到这个结果，只是因为反应迟钝而没有出手手里的股票，他便不会仔细分析自己投资失误的真正原因所在。

其二，如果一个人对自己的预知能力产生崇拜，甚至认为自己可以提前预测出他人的行为，这样便很难获得和谐的人际关系。举个例子，一天，你的朋友很沮丧地向你倾诉，告诉你对方遭遇了裁员危机，很可能将面临着失业的危险，如果你过于高估自己的预知能力，不屑地对对方说："我早就知道你们公司很难度过金融危机，当初你加入这家公司时，我就觉得非常不妥。"面对这种说辞，很可能的结果是，你的朋友再也不对你真心，因为你在炫耀自己的预知时，无形中侮辱了对方的思维认知能力。

当然，更恶劣的事实是，其实你往往没有自己所想象的那么有先见之明，这不过是一种认知偏见罢了。改变"后视偏见"的最简单易行的方式之一是，当一些重要的事情发生时，在你不知道事情结果的情况下，先把你的判断写下来，并阐述你判断的依据所在——你的记忆常常会欺骗你，当你在没有文本证据的情况下回忆事实时，你只会记起那些与事情的结果相符合的证据，那些不相符的证据则被你自动略过了。

P04 为什么 3 年前的事儿，到现在才想起要起诉？

"ABC 理论"：你为什么不快乐

歪读

"法官先生，有人把我说成犀牛，我可以告他恶意中伤罪吗？"

"当然可以。他什么时候把你当成犀牛的？"

"3 年前。"

"什么？3 年前的事，你怎么到今天才想起要起诉呢？"

"是这样，法官先生，以前我从未见过犀牛，直到昨天我才知道犀牛是什么样子。"

正解

当一个人被他人说成犀牛时，3 年前他无动于衷，3 年后却将对方的行为视为恶意中伤——对于同样的事实，控诉人的情绪截然相反这说明一个人对事情的态度决定了他的情绪体验。

秒懂

"ABC 理论"是由美国心理学家埃利斯创建的，该理论认为激发事件 A（activating event 的第 1 个英文字母）只是引发情绪和行为后果 C（consequence 的第 1 个英文字母）的间接原因，而引起 C 的直接原因则是个体对激发事件 A 的认知和评价而产生的信念 B（belief 的第 1 个英文字母），即人的消极情绪和行为障碍结果（C），不是由于某一激发事件（A）直接引发的，而是由于经受这一事件的个体对它不正确的认知和评价所产生的某种信念（B）所直接引起的。

简单来说，就是人们的情绪困扰不是来自于所发生的客观事实，而是人们对这件事情所进行的解释。人们常有这样的体验，同一件事发生在不同人的身上，所带来的情绪体验往往是截然相反的。比如，两个人都遗失了100块钱，其中的一个人愤懑不堪，认为自己倒霉透顶，不开心的情绪持续了将近一天，而另一个人则做出了无所谓的样子，用"破财免灾"的理由安慰自己，这一意外丢钱事件几乎没为他的情绪带来任何负面影响。

所以，决定人们情绪如何的因素并不是所发生的事情，而是人们对所发生的事情所给予的解释，如果人们总是用一些不合理的信念和负面的态度来看待周边的一切，那便很难快乐起来。

一般而言，阻挠人们拥有良好情绪的不合理信念有如下这些。

（1）人应该得到生活中所有人的喜爱和赞许；

（2）有价值的人应在各方面都比别人强；

（3）任何事物都应按自己的意愿发展，否则会很糟糕；

（4）一个人应该担心随时可能发生灾祸；

（5）情绪由外界控制，自己无能为力；

（6）已经定下的事是无法改变的；

（7）一个人碰到的种种问题，总应该都有一个正确、完满的答案，如果一个人无法找到它，便是不能容忍的事；

（8）对不好的人应该给予严厉的惩罚和制裁；

（9）逃避可能、挑战与责任要比正视它们容易得多；

（10）要有一个比自己强的人做后盾才行。

其实，所有的事情都是中立的，不带有任何感情色彩，如果将其标注为负面的事件，就为自己的情绪设定了负面的定位，以致很难快乐起来。

P05 好想把奶牛也带到天堂去，这样到了天堂照样有牛奶喝

不合理认知模式特征之一：绝对化要求

歪读

玛莎在礼拜天学校（免费学习圣经知识的学校）学习，上课时她举手发问道："如果我是个好姑娘，将来一定能到天国吗？"

"是的，当然能到天国。"负责教课的老牧师说。

"那我的猫呢？它能跟我去天国吗？"

"不能，我的孩子，猫没有什么灵魂，它不能到天国去。"

"那我院子里的那些奶牛呢？它们能到天国去吗？"

"不能，我的孩子，奶牛也不能到天国去。"

"这就有点麻烦了，这样的话，我就必须每天到地狱里去取牛奶喽！"

正解

在玛莎的意识里，她认为自己每天一定要喝牛奶的——由于产生了这一绝对化认知倾向，导致玛莎认为即使去往天国也伴随着一些不如意。

秒懂

秉承"ABC理论"，关于负面情绪的发生源问题，心理学家们认为多是由不合理认知模式所引发的，其中"绝对化要求"便是不合理认知模式的特征之一。

所谓的"绝对化要求",是指人们以自己的意愿为出发点,对某一事物怀有认为其必定会发生或不会发生的信念,它通常与"必须","应该"这类字眼连在一起。比如:"我必须获得成功","别人必须友善地对待我","生活应该符合'好人有好报'的法则"等。当产生这种信念后,人们极易陷入情绪困扰中——客观事物的发生、发展都有其特定规律,它们并不会对人的意志做出妥协。比如,就某个具体的人来说,他不可能在每件事情上都获得成功,他很难让所有的人都喜欢自己,同样,"好人有好报"的理论也很难在现实生活中得到求证。因此,当某些事件的发生与他们对事物的绝对化要求相悖时,他们的情绪就会变得非常负面,感到周围的一切都让人难以接受,从而由于难以适应而陷入情绪苦境。

P06 海上不安全，那家里就安全了吗？

不合理认知模式特征之二：以偏概全

歪读

有位水手正准备出海远航，朋友问他："你父亲是怎么死的？"

"死于一次航海事故。"

"你祖父呢？"

"也死在海上。一次突如其来的热带风暴，夺去了他的生命。"

于是朋友劝道："那你为什么还要当水手去航海呢？"

水手淡然一笑，反问道："你父亲是怎么死的？"

"死在家里。"

"你祖父呢？"

"也死在家里。"

"亲爱的朋友，那你为什么还要待在家里呢？"

正解

水手的祖父丧身大海，朋友仅因为这一点便认为航海伴随着失去性命的高风险，在这个过程中，朋友出现了"以偏概全"的信念偏差。

秒懂

"以偏概全"是不合理认知模式的第 2 个特征，艾利斯（美国临床心理学家，合理情绪行为疗法的创始人）曾说过，以偏概全是不合逻辑的，就好像以一本书的封面来判定其内容的好坏一样。

"以偏概全"包括两个方面的认知。

一是对自己的不合理评价。比如，当一个人遭受失败后，便悲观地认为自己"一无是处"等。然而，只是单纯通过自己在一件事或者几件事上的表现来评价自己，对于自己的能力和未来做出预测，这种认知方式很可能造成自责自罪、自卑自弃的心理，让个体的情绪也变得焦虑和抑郁起来。

二是对他人的不合理评价，即别人稍有差错就认为对方品德不佳、一无是处等。当对人全盘否定后，个体便会理所当然地责备他人，甚至产生敌意和愤怒等负面情绪。按照艾利斯的观点来看，以一件事的成败来评价整个人，这无异于一种理智上的法西斯主义。他认为一个人的价值就在于他具有人性，因此他主张不要去评价整体的人，而应代之以评价人的行为、行动和表现。

P07　大丈夫何患无妻?

不合理认知模式特征之三：糟糕至极

🐼 歪读

一男子向女友求婚，被拒绝了，男子感到非常沮丧，他当着女友的面叹气："算了吧，我今生别想结婚了。"

"何必这样悲观呢？"女友不胜怜悯地说："大丈夫何患无妻，我拒绝了你，不见得别的女孩子也会拒绝你呀！"

"当然，"那独身男子还是不胜感叹，"可是，连你都不要我，还有谁肯要我呢？"

✅ 正解

由于求婚不成，男人便产生了注定会孤独终老的悲观论调，这便是一种"糟糕至极"的认知模式——其实，男人也可以这么看，自己失去了一棵树木，却得到了整个森林。

⏱ 秒懂

"糟糕至极"是这样一种想法，即个体认为一旦一件不好的事情发生了，便会带来非常可怕、非常糟糕的结果，甚至引发一场灾难。产生"糟糕至极"的信念后，将导致个体陷入极端不良的恶性情绪循环中，在这之中，耻辱、自责自罪、焦虑、悲观和抑郁等情绪交替出现或者同时出现。

当一个人认为糟透了、糟极了时，对他来说往往意味着碰到了人生中最坏的事情，这是一种灭顶之灾。艾利斯指出这是一种非常不合理的信念，因为对任何一件事情来说，都有可能发生比之更好的情形，没有任何一件事情可以定义为是百分之百糟透了的。当一个人沿着"糟糕至极"的思路想下去，认为遇到了百分之百的糟糕事情时，便等于将自己引向了极端的、负面的不良情绪状态之中。

"糟糕至极"常常伴随着"绝对化要求"的认知倾向，即人们所认为的"必须"和"应该"的事情背离了他们的意愿时，他们就会感到无法接受这种现实，进而走向极端，认为事情已经糟到了极点。

人生一世，一些非常不好的事情常常有可能会发生，尽管人们都不希望发生这种事情，但是上帝总喜欢与人们开个恶劣的玩笑，让人们不得不去面对一些事实。这时，人们最好的选择就是接受现实、与困境共处，竭尽全力地去改善乃至改变人们的处境，如果自己无能无力改变些什么，便要学会与那些无常和平共处，乐观地生活下去。

审视人们的不合理信念，往往都可以找到这 3 种特征：绝对化要求、以偏概全和糟糕至极——每个人都会或多或少地具有不合理的思维与信念，如果不合理思维和信念的倾向过于严重，便会导致人们产生严重的情绪障碍，进入一种不能自拔的情绪困境。

P08   不是床下有人，就是床上有人

自我暗示：为什么置身于废弃的铁轨也会被"压死"

歪读

一个妇人去医院看医生，她向医生介绍病情道："我晚上老是睡不着，躺在床上，总感觉床下有人；躺在床下，又感到床上有人，如此上上下下，真把人折磨死了！"

医生听完她的话，立即给她提供了一个医治妙方："将4条床腿锯掉！"

> "我晚上老是睡不着，躺在床上，总感觉床下有人；躺在床下，又感到床上有人，如此上上下下，真把人折磨死了！"

> "将4条床腿锯掉！"

正解

其实对于解决妇人所遇到的问题，还有一个便利的方法，那便是妇人每天晚上都不断告诉自己："床上没人，床下也没人……"

秒懂

美国的杰姆斯·克拉特教授讲过这样一个悲剧：

　　有几个大学生与一名年轻人开玩笑，把他的双手和双脚捆起来，再把眼睛蒙住，然后抬到一条已经废弃不用的铁轨上。

　　当时，这名被绑者并不知道自己卧伏的铁轨已废弃不用了，他什么都看不到，感到很恐慌。

　　年轻人躺在铁轨上时，正好远处一列火车呼啸而来，又飞驰而去，年轻人开始拼命挣扎，后来就不动弹了。当那几个大学生给他松绑时，这个年轻人已经死了。

　　为什么一条废弃的铁轨也能将人致死呢？

　　从心理学角度来分析，这就是因为"自我暗示"对人的生理发挥了重要的影响——当年轻人听到火车的呼啸声后，他不断告诉自己"我马上要被压死了""我马上要被压死了"……

　　由于一遍又一遍地对自己进行消极的自我暗示，结果真的发生了被"压死"的惨剧。

　　所谓"自我暗示"，从心理学角度讲，就是个人通过语言、形象和想象等方式，对自身施加影响的心理过程。

　　这种自我暗示，常常会在不知不觉之中对个体的意志和情绪，以致生理状态产生十分重要的影响。

　　在医学界，曾经发生过这样的事件，由于医生拿错了病人的身体检查报告，一位身体健康的人被告知身患绝症，一位身患绝症的人却被告知身体十分健康。

　　结果那个身体健康的人回到家后，天天忧心自己的健康状况，似乎时时刻刻都能感觉到死亡的临近，因为他觉得自己已经是一个将死的人，对于饮食和运动也全无兴趣，结果过了一段时间后，这名健康的人真的身染重病，需要进行住院治疗。再看那名身患癌症的人，当他得知自己身体无恙后，十分开心，恢复了对于生活的信心和向往，他乐观地对待每一天的生活，最后，经检测他身体癌细胞的扩散真的得到了控制，他的身体已经出现了好的转机。

　　上述现象也与"自我暗示"有关——如果不断对自己进行积极的自我

暗示，用积极的思想和理念对待自己的人生，那么除了能改变对生活的态度和期望外，生理和行为也会出现积极的转变；如果对自己进行消极的自我暗示，让自己沉沦于痛苦的幻觉中而不能自拔，那么可能将自己的人生引向消极和悲观的一面。

在医学领域，法国医师库埃于 1920 年首创了自我暗示疗法，他有一句名言："我每天在各方面都变得越来越好。"在治疗过程中，他让病人不断重复这句话，作为一种自我心理暗示疗法，结果许多病人都得到了康复。

自我暗示疗法有其科学性的一面，一家德国健康杂志《生机》报道称，一位医生经研究发现，人体自身有能力治愈 60% ~ 70% 的不适和疾病。这位医生说，科学家目前已经解开了机体自愈的一些秘密。当人有不适或生病时，身体可以从自身的"药铺"中找到 30 ~ 40 种"药"来对症治疗。这种治疗过程是由荷尔蒙和免疫抗体等因素综合发挥作用的。

*P*09　如何恰当地安慰一个人？

酸葡萄效应：低估未拥有之物

歪读

丈夫气愤地对妻子说："刚才我遇到彼得，他竟然没有理我。这个人太高傲自大，好像我不如他似的。"

妻子安慰丈夫说："别生气了！彼得有什么了不起？你当然不会不如彼得。他只不过是个不值钱的笨蛋罢了。"

正解

彼得没有跟"丈夫"说话，妻子为了安慰丈夫，便认为彼得是一个不值钱的笨蛋，这是典型的"酸葡萄心理"，只是妻子把葡萄描述得过于酸，反而起了反作用。

秒懂

伊索寓言中有一个名为《狐狸与葡萄》的故事。

一个炎热的夏日，一只狐狸经过一个果园，他停在了一大串熟透而多汁的葡萄前。狐狸正好非常口渴，他后退了几步，向前一冲，准备摘下诱人的葡萄，然而狐狸根本就够不到葡萄。狐狸又试了好几次，但是他始终都无法得到葡萄。最后，狐狸决定放弃了，便昂起头，边走边说："哼，我敢肯定它是酸的。"

"酸葡萄效应"便来源于上面的故事，指的是人们通过努力仍然得不到自己想要的东西后，便对其赋予消极意义，认为它们其实并不是什么有价值的东西。也就是说人们在遇到"挫折"或"心理压力"时，采取一种"歪曲事实"的消极方法以实现自己的"心理平衡"。

"酸葡萄心理"颇似阿Q心理，这种心理安慰的方式是通过自欺欺人来解除内心的不安，虽然在某时，这种心理纵容了人们对于挑战的回避，但是对于人们的情绪却有正面意义，它为人们的情绪提供了自我保护机制，有助于人们从不满和不安等消极心理状态中解脱出来，不会因遭遇挫折而心情恶劣。

曾有人做过这样一个实验，把一只狗捆起来，在两尺外放上一块香喷喷的牛肉，狗很想吃到牛肉，可是任凭它怎么努力，它都够不着。这只狗产生了明显的负面情绪，它心跳加速、血压升高。如果实验者再拉来另一只狗，让它津津有味地把牛肉吃掉，被捆着的那只狗会变得更加暴躁，血压升得更高。

倘若那只被捆着的狗学会用"酸葡萄心理"安慰自己，认为那不过是一块非常难吃的牛肉，自己吃不到也不会遭受什么损失，或许它便不会变得那么暴躁了。

面对浩瀚宇宙，人不过是一个弱小的生物体，总有很多事情是你力所不及的，是你无能为力去改变的，每当这时，多用"酸葡萄心理"来安慰自己，也许你会变得更加快乐，感受到更多的幸福。

$\mathcal{P}$10　助听器的价格，是两点一刻

甜柠檬效应：高估已拥有之物

歪读

一位老头买了一个助听器，怕老伴批评，于是就向她夸这个助听器如何好用。

老头子说："这是我这辈子用钱最恰当的一次。没有助听器时，我几乎听不清别人说什么。可现在呢，连楼下的厨房里水开了都能听见。半里外的汽车发动声也能听清了。"

老伴一个劲地点头，问道："什么价钱？"

老头看了看手表说："两点一刻。"

正解

高估助听器的价值，不仅对于老伴而言，还是对于老头自身来说，都会提高他们对于实施这一购买决策的满意度。

秒懂

"甜柠檬效应"同样来自一则寓言故事：有只狐狸原本想找些可口的食物，可是怎么都找不着，只找到了一个酸柠檬，这实在是一件不得已而为之的事，但是狐狸却说："这柠檬真甜，正是我想吃的。"这种只能得到柠檬就说柠檬是甜的自我安慰现象，便是"甜柠檬效应"，指的是个体在追求预期目标而失败时，为了冲淡自己内心的不安，就百般提高已经实

现的目标价值，从而达到心理平衡和心安理得的现象。

与"酸葡萄效应"一样，"甜柠檬效应"也是以某种"合理化"的理由来解释追求目标失败后的情景，从而达到实现自我心理平衡的目的。两者差异只在于"酸葡萄效应"是把所追求的目标的价值降低，而"甜柠檬效应"则是把已经实现的目标的价值提高。

在现实生活中，人们常会执著地渴求没有得到的东西，对于已拥有的东西视而不见，比如很多男人结婚后，仍然会眷恋自己曾经求而不得的某个女子，但是对于深爱自己的妻子却不闻不问，以致对自己的婚姻现状极为不满，总是责问上天为什么不赐予自己想要的生活。然而，人世间很多的不快乐，便在于人们总是去感叹"如果"两个字，他们为了自己没有得到的东西牵肠挂肚，根本无心享受自己已拥有的生活。"甜柠檬效应"便启示人们，不妨多美化一下自己已经拥有的东西，不妨多珍惜一点眼前人，因为只有他们才与你的生命有交集——哪怕这种心理只是一种掩耳盗铃式的自欺欺人，但是倘若如此这般真能让你感到快乐，那么这样的伎俩还是多多益善。

P 11　如果爸爸揍我，我就揍弟弟

踢猫效应：为什么你总会伤害爱你的人

歪读

老师在课堂上向学生们提问："要怎么解释'与人分担痛苦，会使痛苦减半'呢？"

约翰回答说："如果我爸爸揍我，我就揍我的弟弟！"

正解

当强大的一方对人们造成伤害后，人们常会不自觉选择弱小的一方为出气对象——其实在这个过程中，痛苦并没有减半，反而迅速地在人际间流动、感染。

秒懂

有一位父亲在公司受到了老板的批评，他气愤地回家后，正好看到自己的孩子在沙发上跳来跳去，不由得把孩子臭骂了一顿。孩子感到非常委屈，就用身边的猫泄愤，狠狠地踢了一下猫。于是，猫逃到了街上，恰巧一辆卡车开了过来，司机赶紧避让，结果撞伤了路边的孩子。这种现象便是心理学上著名的"踢猫效应"，形象地说明了坏情绪的互动感染，指出人的不满情绪和糟糕的心情，一般会随着社会关系链条逐级传递，由地位高的传向地位低的，由强者传向弱者，最终，无处发泄的最弱小者便成了不良情绪的牺牲品。

发生"踢猫效应"时，人们一般都会选择身边亲密的人为发泄对象，因为这些人不太倾向于把恶劣情绪"转赠"于你，然而，这并不能说明，他们对你的发火无动于衷，其实，虽然他们采取了默默承受的态度，但是他们对你及你们之间的关系却产生了非常失望的情绪——这种不良人际互动自然会导致人际的疏离感、冷漠感，从而对你的社交心理造成潜在的伤害。

"踢猫效应"还启示人们，有时人们认为他人与自己所期望的行为相差甚远时，其实并不是因为对方的行为真如你想象的那么让人难以接受，而是因为人们自身已经蓄积了恶劣的情绪，这种情绪无处发泄，导致人们不自觉地将其他人视为泄愤对象。人们常会有这样的情绪体验，如果对某一天的职场生活非常满意，回到家后，也会觉得爱人非常体贴，而如果某一天遭遇了辞职危机，见到恋人后，也会觉得恋人对自己十分不满意，对方所做的饭菜简直让人难以下咽，甚至悲观地认为恋人早已对自己失去了兴趣。

不可避免地，你总会遇到很多不如意的事情，但是客观事实是你无法控制的一种存在，如果你学会了从容控制自己的情绪，即使在那些生命中的无常面前，你也是强大的一方。

否则的话，你便会在恶劣情绪的蛊惑下，无形中伤害了你生命中最爱你的人。

12 舞女比基尼的颜色和校服一样

视网膜效应：你所看到的世界，正是你内心世界的外在反映

歪读

一个纽约人来到赌城拉斯维加斯开会，顺便带了 9 岁大的儿子去看表演。舞台上几个女郎身上只有几片蓝色和灰色的布片，9 岁的儿子兴奋地叫道："哇！哇！好棒啊！"对于孩子的早熟，父亲非常忧虑，但是随之男孩又喊道："她们穿的衣服和我们的校服是同样的颜色！"

正解

人们总有去关注自己所拥有的事物或特征的倾向，所以对于舞台上的女郎，大人或许看到的是色情，但是那个 9 岁的孩子却看到的是与自己校服同样颜色的衣服。

秒懂

你一定有过这样的体会，当你买了一件新衣服后，如果你发现正好有人穿了与你一样的衣服时，你便会感慨怎么有这么多人买了与你一样的衣服；如果你大龄未婚，偶遇了几个同样单身的大龄人士后，你就会觉得单身未婚的人士太多了……总之，对于那些你平时不怎么关注的东西，你会在不经意间发现你关注时会一下子增加很多。这种现象就是心理学中所说的"视网膜效应"，指的是当人们自己拥有一件东西或一项特征时，就会比平常人更注意别人是否与自己一样具备这种特征。

　　"视网膜效应"也可以解释为：你所看到的世界，正是你内心世界的外在反映。假如你觉得这个世界都是抱怨的人，也许说明你平时便喜欢抱怨，如果你觉得周围的人脾气都很糟糕，很可能意味着你是一个脾气不太好的人。由此可见，人们心里的大部分忧伤其实是自己制造出来的，你之所以会产生失落、悲观、空虚和无助等消极的情绪，是因为你感受到的都是负面的事物，但是通过"视网膜效应"来解读，可以发现情绪消极的根本原因是由于你自身有着很多负面事物的影子，比如性格孤独、放弃希望和人际不和谐等。

　　所以关于如何改变恶性情绪的命题，最终的落脚点是你自身，如果你试着让自己变得积极起来，你所看到的便会是一个十分可爱的世界，此时，你的不良情绪也便烟消云散了。

𝒫 13　婚前坐出租车，婚后坐公交车

焦点效应：为什么你常常会庸人自扰

歪读

莫莉说："结婚前，你总是给我叫出租车，而现在你认为可以乘公共汽车了。"

丈夫说："这是因为我为你而感到自豪的结果，亲爱的。在出租车里，只有司机一个人能看得见你，而在公共汽车里，有成百上千的人看得见你。"

正解

丈夫的理由看上去十分体贴，但是他的理由其实是不可能发生的事情，"有成百上千的人看得见你"——事实上，并没有那么多人会关注到他的妻子。

秒懂

某一天，你换了一个新发型，改变了以往的穿衣风格，穿了一件以往从来没有穿过的蓝色裙子，当你走出家门后，不论是在上班途中，还是进入公司的大门后，你都会感觉所有的人都在看着自己，都在对自己的外貌和穿着评头论足，这种现象便是心理学中所说的"焦点效应"。

"焦点效应"，也叫做"社会焦点效应"，指的是人们常常高估周围人对自己外表和行为的关注度。也就是说，人类往往会把自己视为一切的中心，并且直觉地高估别人对自己的注意程度。

关于"焦点效应"，心理学家季洛维奇曾经用实验验证过，在实验中，他让一名被试者穿了一件画有喜剧演员头像的 T 恤。然后以等候参加实验为借口，让这名被试者坐在其他另外 5 名穿普通衣服的学生中间。

然后，实验者让被试者做出判断，让他估计一下那 5 名学生有几名注意到了他的 T 恤。被试者回答说大概 50% 以上的人。然而，事实上，当向那五名学生提问时，只有 10%～20% 的学生回答说注意到了被试者的穿着。

"焦点效应"常会导致人们过度关注自我，过分在意自己在公众场合的表现，为一些自以为是的小尴尬而懊悔郁闷，比如，你会为参加同学聚会时不慎把饮料洒在身上而懊恼不已，你会因为在一个 party 上摔了一跤而感到万分尴尬，你也会因为在员工会议上回答不出老板的问题而懊悔不已。其实这种负面的心理不过是庸人自扰罢了，因为事实上很多人都没有留意到你自以为的窘态。

"焦点效应"对人际关系也有很大的启示，正因为人们都会不自觉地把自己视为世界的中心，但又常处于被人忽略的情境中，所以如果你希望他人对自己产生好感，便要学会关注他人，让对方感觉到其存在的重要性。

心理治疗篇

——为什么人们容易自我欺骗、自我安慰

$\mathcal{P}$01　大声给自己喝倒彩，才能盖住别人的骂声

逃避性心理防御机制：压抑

歪读

乔治·费多（1862—1921）是法国著名的戏剧家，他成功地创作了许多滑稽剧，其中《马克西姆家的姑娘》一剧曾轰动一时。不过，乔治在他未出名时也遭遇过很多观众的冷遇。

有一次，在一个首场演出的晚上，乔治混在观众当中，与他们一起喝倒彩。

"你是发疯了吧！"一个朋友拉住他说。

"这样我才听不见别人的骂声，"他解释说，"也不会太伤心。"

正解

知道自己的作品不受观众的欢迎，自然是一件让人备感失落的事情，乔治·费多故意屏蔽观众的骂声，以减轻自己的挫败感，从心理防御机制的观点来看，这属于通过压抑自己以逃避现实的心理防御机制。

秒懂

人们在现实生活中会遭遇很多挫折和冲突，当人们难以承受这些不如意对自己造成的压力时，便会感觉非常焦虑。此时，就促使人们的心理发展了一种机能，即用一定方式调解冲突，缓和不如意事件对自身的威胁，这样一种机能就是心理防御机制。心理防御机制的积极意义在于能够使主

体在遭受困难与挫折后减轻或免除精神压力，恢复心理平衡，甚至激发主体的主观能动性，激励主体以顽强的毅力克服困难，战胜挫折。消极的意义在于使主体可能因压力的缓解而自足，或出现退缩甚至恐惧心理而导致出现心理疾病。

在诸多心理防御机制的类型中，其中的一种是"逃避性防卫机制"，指的是个体以逃避性和消极性的方法去减轻自己在挫折或冲突时感受到的痛苦，这就像鸵鸟在面对危难情况时把头埋在沙堆里一样，它们认为只要对危险情况视而不见，就可以降低自己的焦虑感和恐惧感。

"逃避性防卫机制"的形式之一是"压抑"，这种机制是指个体将一些自我所不能接受或具有威胁性、痛苦的经验及冲动，在不知不觉中从个体的意识中排除抑制到潜意识里去作用。这属于一种"动机性的遗忘"（motivated forgetting），即个体在面对不愉快的情绪时，不知不觉有目的地遗忘（purposeful forgetting）那些让人沮丧的事实，这与因时间长久而自然忘却（natural forgetting）的情形是不一样的。例如，人们常说"我真希望没这回事"，"我不要再想它了"，或者在日常生活中，有时人们做梦、不小心说溜了嘴或偶然有失态的行为表现，都是这种压抑的结果。

压抑作用，表面上看起来人们已把事情忘记了，而事实上它仍然在人们的潜意识中，在某时影响人们的行为，以致在日常生活中，人们可能做出一些自己也不明白的事情。比如，一个女孩满心喜悦地筹办婚礼时，相恋 8 年的男友突然告诉她，他已经有了其他的心上人，不能与女孩举办婚礼了，面对这一重大打击，女孩的家人非常担心她会做出一些极端的事情，因为女孩非常爱男友，对于他们的婚姻抱着必然的心态。然而，当家人安慰女孩时，女孩却表现出完全不认识男友的样子，女孩的这种心理防御方式就是"压抑"。

P02　洪水来了，正好可以洗窗户

逃避性心理防御机制：否定

歪读

贝尔被人们称为"最乐观的人"。

这一天山洪暴发，大水漫过村庄。贝尔坐在自家屋顶上，高兴地唱着歌。邻居划着船经过他的家，大声说道："贝尔，你家的鸭子都被冲走了！"

"没关系，它们都会游泳。"

"你的麦子全都被淹了。"

"没关系，今年反正是歉收年。"

"哎呀，不好了，水淹到你家的窗户了！"

"太好了，我正准备擦洗窗户，这下省事多了！"

正解

面对山洪暴发的自然灾害，不管怎么说，对于很多人都是一件痛苦的事情。然而，贝尔却另辟蹊径地"乐观"，他的这种乐观，其实是通过否定自己的真实感受而成就的。

秒懂

有些人在面对亲人突然离去的噩耗时，常常会告诉自己"这不是真的"，在潜意识里不愿意接受这个残忍的事实，如果其他人告诉他真实信息，那他会非常气愤，指责对方在故意臆造悲惨的事实。这种现象便是心理防御机制中的"否定"。

"否定"是一种比较原始而简单的防卫机制，其方法是借着扭曲个体在创伤情境下的想法、情感及感觉来逃避心理上的痛苦，或将不愉快的事件"否定"，当做它根本没有发生，来获取心理上暂时的安慰。"否定"与"压抑"极为相似，不过"否定"不是有目的地忘却，而是把不愉快的事情加以"否定"。

这种现象在现实生活中随处可见，比如，一个女子的婚姻因为第三者插足，她的丈夫决然地离她而去，女子一直都非常爱自己的丈夫，但是当女子的朋友安慰她时，女子却做出一副无所谓的样子，她对朋友说："离了婚更好，我终于又恢复了自由自在的单身生活了，反正这十多年的婚姻生活也让我受够了。"女子在面对丈夫的背叛时，她的内心其实是极为痛苦的，但是她并没有表现出丝毫的痛苦状，反而认为离婚对于自己是一件"好事"，完全扭曲了自己内心真实的感受——这种心理状况是"否定"的典型表现。

"否定"的另一个典型表现是，完全不承认某些悲惨事实的存在，比如有的人身患绝症后，偏执地认为这不是真的，完全不接受这一事实。

心理学家在对即将动手术的病人所做的研究中发现，使用"否认"并坚持一些错觉的人，会比那些坚持知道手术一切实情、精确估算愈后情形的人复原得好。所以，心理学家认为，人们在某时拒绝面对现实或者对现实有错误的信念，对他们的健康是十分有益的。不过，有时拒绝面对现实则会带来灾难性后果，比如，如果一个人身患重症后，完全不接受这一现实，也拒绝采取相关的医疗措施，这种讳疾忌医的后果必然是延误了最佳治疗时间，以致为个体的生命带来毁灭性伤害。

P03　说好的永不回头，却伸手要回来的路费

逃避性心理防御机制：退回

🐼 歪读

一对新婚夫妇发生了争吵，最后，妻子再也忍受不住，她哭着说："我要跟你一刀两断！我现在就去收拾东西，回娘家去。"

"很好，亲爱的。"丈夫拿出钱来，"喏，路费在这里。"

妻子接过钱数了数，然后说："这点钱不够，我回来的路费怎么办？"

✅ 正解

一般而言，只有儿童在遇到伤心的事情时才会寻求父母的庇护，但是笑话中的妻子在与丈夫发生争吵后，也转而选择以投靠父母来逃避痛苦的现状，出现了"退回"的行为。

⏱ 秒懂

夫妻相处时，女人对付男人的撒手锏常是"一哭二闹三上吊"，每当妻子使出这种招数，丈夫往往会不战而败。从人的发展过程来看，"一哭二闹三上吊"本是儿童的伎俩，但是某些成年人也照用不误，这种现象便是心理防御机制中的"退回"。

"退回"是指个体在遭遇挫折时，表现出与其年龄所不相符的幼稚行为反应，是一种反成熟的倒退现象。比如，一个儿童本来已经养成了良好的生活习惯，但是母亲生了弟妹或者家中突遭变故时，而表现出尿床、吸

吮拇指、好哭和极端依赖等婴幼儿时期的行为。

"退回"行为不仅是小孩的专利，有时也会发生在大人身上。比如，当遇到意料之外的重大事情时，有的人会无意识地喊一句"妈呀"；有的夫妻发生冲突后，妻子便负气跑回自己父母的家中，向父母哭诉自己的遭遇；一个女子被丈夫所胁迫，丈夫强迫她在离婚协议书上签字，这名女子坐在地上，像四五岁的孩子般大哭大闹；一个初中生因为与同学关系恶劣，总是受到其他同学的取笑，为了逃避上学，他便用"肚子疼"和"喉咙痛"等借口欺骗家人……上述种种都属于"退回"的行为。

当人长大后，本来应该运用成人世界的法则来处理事情，不过在某些特殊情况下，适当采取一些较幼稚的行为反应，并非总是具有负面意义的。比如，有的父亲趴在地上扮马扮牛给孩子骑，有的妻子向丈夫撒娇等，这种"退回"是以一种非常的方式来讨取他人的欢心，只要掌握在合情合理的范围内，常会给平淡的生活增添很多情趣。不过，如果出现"退化"行为的原因是以较原始而幼稚的方法来解决问题、意图利用自己的"退化"行为来争取他人的同情和照顾，用以避免面对现实的问题与痛苦，其"退化"就不仅是一种现象，而是一种负面的心理症状了。

P04　早餐的鸡蛋比妻子去世更为重要

逃避性心理防御机制：潜抑

歪读

一个有钱人早上醒来，发现妻子已经死在床上。他赶紧跳起来，脸色苍白、跌跌撞撞地奔下楼梯大声喊道："阿梅！阿梅！"

女佣回答："先生！什么事？"

"早餐的鸡蛋煮一个就够了！"

正解

与妻子死亡的事实相比，到底煮几个鸡蛋并不是什么重要的事情，但是笑话中的有钱人却本末倒置，把煮鸡蛋这件事情升级为头等大事，从笑话的本意出发，无非在讽刺这个有钱人的吝啬。但是如果现实生活中也发生了类似的事件，那很可能当事人使用了"潜抑"的心理防御机制。

秒懂

在现实生活中，当某些事情发生后，人们往往会产生一些情绪反应，一般而言，人们会做出自然而直接的表达。但是在某些特殊的情况下，人们的反应却很不寻常，基于各种原因，很可能无意识地将自己的真正的感受做了压抑。比如，张先生是一家公司的销售总监，在他拜访一个非常重要的客户之前，他接到了女朋友的电话，声称要和他分手，张先生非常注重他和女朋友之间的感情，然而当得知女朋友要和自己分手后，张先生的反应却非常平淡，表现得波澜不惊。20分钟后，张先生面见客户，成功地把自己和公司的产品推介给客户，为进一步的合作奠定了良好的基础。然而，当结束拜访后，张先生却不可遏止地悲痛起来，对女朋友提出分手的事实感到非常心痛。

一般而言，从时间的角度来说，人的情绪反应与事实的发生是紧密衔接的，但是当得知女朋友要和自己分手的事实后，张先生并没有在第一时间做出应有的情绪反应，而是将注意力转移到要拜访的客户上，之所以会出现这种情况，便是因为张先生采取了"潜抑"的心理防御机制。

在弗洛伊德精神分析中，"潜抑"是心理防御机制的一种表现，是指个体把意识中对立的或不能接受的冲动、欲望、想法、情感或痛苦经历，不知不觉地压制到潜意识中去，以至于当事人不能察觉或回忆，以避免遭受痛苦。

P05 说谎的最高境界，就是敢说真话

自骗性心理防御机制：反向

歪读

一个已婚男子和他的秘书有了婚外恋。有一天下午，他们偷情后，男子让秘书把他的鞋子拿到外面的草坪上去磨一磨。秘书觉得莫名其妙，不过还是照他的话做了。男子回到家后，太太在门口迎接他回来，生气地问他上哪去了。

男子答道："我说不了谎，我的秘书和我偷情，这是我晚归的原因。"

太太瞧瞧他，注意到了他的鞋子，然后说："我看到你鞋子上有草，你又跑出去打高尔夫球了，对不对？"

正解

男人为了让妻子中计，运用了"此地无银三百两"的伎俩，果真让妻子误以为丈夫偷偷摸摸地去打高尔夫球了，从心理防御机制的角度来看，这是一种明显的"反向"行为。

秒懂

当个体的欲望和动机，不为自己的意识或社会所接受时，唯恐自己会表现出来，便将这些欲望和动机压抑到潜意识中，并表现出相反的行为，这种心理现象就是"反向"的心理防御机制。也就是说，采用"反向"行为的个体其所表现出的外在行为与他的内在动机是相反的。在韩国的肥皂

剧中，经常会有这样的情节：一个女孩因为自己的某个朋友比自己优秀，心里十分嫉妒，但是她明知自己的这种心理不会为外界所认可，便格外地表现出非常关心朋友的样子，尤其是在公开场合，女孩对于朋友的关心表现得更为强烈，这种刻意为之的表现便是一种"反向"行为。不过，这并不能说明，女孩对朋友的"嫉妒"已经被"关爱"所取而代之。实际上，女孩的嫉妒心理仍然存在，只不过这种心理带着"关爱"的面具示人罢了。

如果认真观察，则可以发现真正的"关爱"与反向的"关爱"有着明显的区别，一般而言，反向的"关爱"总是表现得十分夸张，具有明显的表演痕迹，就像古语中"此地无银三百两"的愚人一样，欲盖弥彰，有时反而显现得格外不真实，认他人察觉了反向行为者的真实心迹。

"反向"这种心理防御机制，如果使用恰当，则可以帮助人们压抑不良动机，避免做出一些具有伤害性的举动，但是如果过度使用，个体不断压抑自己真实的欲望和动机，并且以相反的行为表现出来，个体就会活得非常辛苦、孤独，以致产生严重的心理困扰。

P06　老子不光膀子还真打不过

自骗性心理防御机制：合理化

歪读

有人养了一只鹦鹉，十分好斗。一天，主人把家里的一只小鸡放到鹦鹉的笼子里，鹦鹉和鸡打了起来。结果小鸡战死在笼中，鹦鹉一点事都没有，鹦鹉扬扬自得地说："这也太小看我了吧！"

过了几天，主人把一只老鹰放到了鹦鹉的笼子里，结果老鹰也死了，不过这次鹦鹉也损失惨重，它所有的毛都没有了，鹦鹉狠狠地瞪着笼子里的老鹰说："小样，老子不光膀子还真打不过！"

正解

鹦鹉在挑战老鹰时，显然付出了极高的代价，但是鹦鹉为了维护自己的自尊，反而为自己的失败找个一个冠冕堂皇的理由："老子不光膀子还真打不过"——用"合理化"理由解释自己行为的心理防御机制正是如此。

秒懂

所谓的"合理化"是指当个人遭受挫折或无法达到所追求的目标，以及行为表现不符合社会规范时，用有利于自己的理由来为自己辩解，将面临的窘迫处境加以文饰，以隐瞒自己的真实动机或愿望，从而为自己解脱的一种心理防卫术。"合理化"是人们运用得最多的一种心理防卫机制，其实质是以似是而非的理由来证明行动的正确性，从而掩饰个人的错误或失败，以达到保持内心安宁的目的。比如，哥哥抢了妹妹的糖果，当妈妈批评哥哥时，哥哥反而振振有词地说道："我是担心妹妹吃了太多的糖会牙疼。"——这便是一种用"合理化"理由解释不被认可行为的心理防御机制。

　　人生在世，会与很多挫折和不如意不期而遇，当人们遇到难以接受的挫折时，暂时为自己寻找一个让自己安心的理由来安慰自己，以避免心灵遭受重创，是一种非常积极的心理防御方式。正如人们常说"得意时是儒家，失意时是道家"，只要有利于自己的身心，适当地为自己找个台阶下也无可厚非。不过，如果一个人经常"合理化"自己所遇到的挫折，借各种托词以维护自尊，并不利于促使个体解决现实生活中存在的问题。很多强迫型精神官能症和幻想型精神病患者就常使用此种方法来处理其心理问题。

$\mathscr{P}$07　知道比不知道更痛苦

自骗性心理防御机制：隔离

歪读

年轻的妻子满面愁容。

"你怎么啦，亲爱的？"已经结婚10年的女友问。

"噢，我感到非常痛苦，丈夫整个晚上都不在，而我一点儿也不清楚他现在在哪儿。"

"唉，这不该使你焦急不安。"女友面带微笑地回答，"要是你知道他现在在哪儿，大概你会更加痛苦。"

✅ **正解**

结婚 10 年的女友认为不知道丈夫在哪儿反而会令自己更开心，这等于把事实真相隔离于自己的意识之外，在这个过程中，女友采用了隔离的手段进行心理防御。

⏱ **秒懂**

所谓"隔离"是把部分的事实或情感分割于意识之外，不让自己意识到，以免造成精神上的不愉快。

人们采用隔离的行为进行心理防御时，最常被隔离的是与事实相关的感觉部分。

比如人死掉后，人们不直接说"死掉"，而是委婉地说"仙逝""长眠""归天"，这种说法有助于个体减轻悲伤的程度，以致降低对死亡这一事实的不祥感觉。

又比如说，一个男孩向自己心仪的女孩子表白时，他为了不使自己的示爱表现得肉麻，便用"I love you"代替"我爱你"；有人把去厕所的行为说成"上一号"或者"去唱歌"——这两种情况都是一种"隔离"，都是为了避免不愉快。

○8 小费越多，你的妻子就越漂亮

自骗性防御机制：理想化

歪读

婚礼刚刚结束，新郎边从口袋里掏钱边问牧师："我需要付多少钱？"

"像这类服务，我们一般不收费。"牧师回答说，"不过，你可以根据你妻子的漂亮程度付钱。"

新郎递给牧师一张一美元的钞票，牧师掀起新娘的面纱看了看，然后把手伸进自己的口袋里说："我给你50美分的找头。"

正解

从牧师的视角来看，新郎对于新娘的容颜给予了较高的评价，这种评价超乎了客观的标准——其实，美化已拥有之物也是一种心理防御的手段。

秒懂

人们总是希望能够得到最美好的事物，享受到最理想状况下的境遇，但是现实并不总是匹配人们的理想。更常见的现象是，人们获得的事物与理想的标准相差甚远，这时，"理想化"这种心理防御机制便易于出现，即个体对某些人或某些事物做了过高的评价，采用高估的态度去评价客体，结果导致个体将事实的真相扭曲和美化，以致个体的描述与评价完全脱离了现实。比如，一个男人在与朋友交谈时，一直鼓吹要追求到身材火辣的女子，当男人恋爱后，他便常在朋友面前夸赞自己的恋人，称赞自己的女友有着模特一般的身材，于是，男人的朋友鼓动他把自己的女友带出来，让大家一睹芳容。一天，男人果然把女友带到了朋友面前，朋友们大失所望，因为这个据说有着火辣身材的女子不过是中人之姿，身材相貌根本就不能与模特相提并论。在这个过程中，男人就完全把自己的女友"理想化"了，使用了理想化的心理防御机制。

P09　他痛苦之下干的蠢事，就是娶你

攻击性心理防御机制：转移

歪读

艾丽莎郑重地对女友说："你拒绝嫁给阿里克是犯了一个大错误，现在他和我结婚了。"

"这并不奇怪。当我拒绝他时，他就说，由于痛苦，他会做出一些极其愚蠢的事！"

"你拒绝嫁给阿里克是犯了一个大错误，现在他和我结婚了。"

"这并不奇怪。当我拒绝他时，他就说，由于痛苦，他会做出一些极其愚蠢的事！"

正解

在爱情领域，当一个对自己的心上人求而不得时，便会选择与一个自

己不怎么爱的人缔结婚姻，其中的一个原因便是这些失意的人采取了"转移"这种心理防御机制。

⏱ 秒懂

"转移"是指原先对某些对象的情感、欲望或态度，因某种原因（如不符合社会规范、具有危险性或不为自我意识所允许等）无法向其直接表现时，便把它"转移"到一个较安全、较为人们所接受的对象身上，以减轻自己心理上的焦虑。比如，一个上班族因为在公司里受了客户和老板的气，回家后便对妻子和孩子无端指责，将怒火发在他们身上，这种行为便是"转移"的一种表现。人们除了"转移"负面的情绪和情感外，也会把自己的正面情绪和情感"转移"到其他的客体上，有的父母经历了丧子的伤痛后，对于孤儿院的孩子格外关爱，经常去看他们，为他们带去很多礼物，像对待自己的孩子一样对待那些孤儿。丧子父母在关爱那些孤儿时，便发生了正面情感的"转移"。

"转移"有很多种，有替代性对象（或目标）的"转移"、替代性方法的"转移"、情绪的"转移"等。例如，有一对夫妇因感情不和睦而协议离婚。离婚后一女一子归父亲扶养，但父亲因工作关系，将其子女寄养在祖父母家中。祖父母对待男孩的态度非常严格苛刻，常常无缘无故地打他，而对女孩则完全不一样，疼爱有加。这种区别待遇致使男孩离家出走，后经其父寻回仍寄居在祖父母家中，但回到祖父母家中后，男孩就开始出现破坏家中物品，且割破自己衣物和自残等行为。后经医生治疗，发现其祖父母对男孩的母亲坚持离婚致使家庭破裂的行为非常不满，于是在不知不觉间将不满情绪发泄到长得像母亲的男孩身上。在本例中，祖父母使用了替代对象的"转移"（祖父母将对男孩母亲的不满移至男孩身上），情绪性的"转移"（祖父母严格苛刻地对待男孩），而男孩则使用了替代性方法的"转移"（以自残这种内向攻击来达到直接攻击的目的）。

采用"转移"这种心理防御机制，如果使用得当，可以有助于个体从一些挫折和痛苦的经历中重新振作起来，但是如果发生了恶性"转移"，将对某个人的恨意"转移"到其他无辜的人身上，则会对个体及社会造成极大的危害。社会上所爆发的一些暴力事件，有一部分便是由于发生恶性"转移"所造成的，比如有的人因为经历失恋事件，便残害那些无辜的年轻女子，这种"转移"演变成极为恶劣的社会凶杀事件。

$\mathcal{P}$10   因为你牙不行了，所以帮我拿核桃吧

攻击性心理防御机制：投射

歪读

公园的椅子上坐着一位老妇人，一个小孩子走过来："婆婆，您的牙还行吗？"

"已经不行了，都掉了。"

于是小孩子拿出一包核桃说："请您替我拿一下，我过去玩一会球……"

正解

小孩担心老妇人吃掉自己的核桃，无形中揭示出了这样一个事实：如果换作小孩替老妇人看核桃，小孩多会产生吃核桃的动机及采取相应的行为。

秒懂

"投射"是心理学家弗洛伊德于 1894 年提出的概念，指的是人们将自己内心试图压抑的特点转移到别人身上的倾向。著名的罗夏墨迹测验便利用了投射理论，瑞士精神科医生、精神病学家罗夏利用墨渍图版来测知人们的内心世界。

"投射"是日常生活中常见的现象，即人们把自己的性格、态度、动机或欲望，"投射"到别人身上。具体到心理防御机制领域，"投射"的含义更为特殊一些，指的是个体拥有某种罪恶念头、某种恶习后，反向指

斥别人也有类似的念头或恶习；或者把自己所不能接受的性格、特征、态度、意念和欲望转移到别人身上，指责别人性格的恶劣性，并且批评他人态度和意念的不当。这种行为能够让人们把别人视为自己的"代罪羔羊"，从而使人们逃避本该面对的责任。比如，一个男人对自己的下属有非分之想，当他某一天对下属做出不轨的行为后，反而认为是下属在故意色诱自己，自己因为经受不住下属的勾引才会一失足成千古恨。再举一个例子，一个人在朋友有难时，为了避免招惹麻烦便躲得远远的，对于自己的这种行为，这个人安慰自己说，如果现在有难的那一个是自己，朋友肯定跑得比自己还远，所以自己目前的行为非常正当，没有必要为此而自责。上述例子都是"投射"的表现，这种机制虽有助于个体远离自责和焦虑的侵扰，但一般而言，它的负面影响远大于它的正面影响——"投射"会影响个体对事物做出正确判断，从而不利于个体客观地看待他人的动机和行为，影响人际关系的和谐。患有妄想迫害症的病人，大多数是"投射"机制的受害者，他们内心憎恨他人，却疑神疑鬼地认为他人要谋害自己。

11 我虽是上帝，但我没说过要他当院长

代替性心理防御机制：幻想

歪读

在精神病院里，一个病人狂叫道："我是院长，你们都得听我的！"

主治医生和护士问他："谁说的？"

病人回答说："上帝说的。"

这时，旁边一个病人突然跳出来，义正词严地说道："我没说过！"

正解

两个病人，一个幻想自己是院长，另一个幻想自己是上帝——过度幻想并不能让他们成功脱离现实世界，只会让他们以精神病患者的身份出现在医院里。

秒懂

当人无法处理现实生活中的困难，或者无法忍受一些情绪的困扰时，便暂时先让自己离开现实，通过幻想之物来得到内心的平静，以致体验到现实生活中所无法为自己提供的满足，这便是用"幻想"表现出来的心理防御机制。在日常生活中，很多人都借助幻想来获得心灵的满足，比如，一个职员被上级羞辱后，一时感到愤愤难平，便想象自己有朝一日成了上级的领导，也让其百般受辱，甚至将其开除；一个男人的女朋友为了嫁给一个有钱人而抛弃了他，男人的自尊和情感受到了极大的伤害，于是男人

便幻想自己会娶一个比前女友漂亮 1000 倍、富有 1000 倍的女人为妻，从而在自己臆想的世界里自得其乐。

　　美国临床心理学家弗兰克尔是意义治疗法的创立者，第二次世界大战期间，他曾经在集中营里待了 4 年之久，他发现从集中营里活着出来的人，与他们个人的身体素质并没有多大的关系，关键是他们对未来怀有美好的憧憬，他们沉醉于幻想中的美好愿景，借以让自己忍受住目前的苦难，最终等到重见光明的一天。所以，从某种角度来看，幻想可对个体产生非常正面的影响，有助于他们缓解内心的压力、纾解所承受的痛苦，运用信念的力量让自己度过那些苦痛的日子。不过，任何事物都具有两面性，幻想这种心理防御机制也不例外，如果一个人过度徜徉于自己的幻想世界，很少针对现实采取具体活动，便会导致个体的思维出现退化，难以从容地应对现实世界出现的各种问题。

　　因此，人固然可以借助幻想获得信念的力量，但是也要适可而止，切不可整日沉湎于幻想之中，将幻想世界混同于现实世界，以避免出现歇斯底里与夸大妄想等症状。

P 12 杀死海龟，才能养宠物狗

代替性心理防御机制：补偿

歪读

"妈妈，我的海龟死了。"儿子眼中含着泪水对妈妈说。

"别太难过了，我们用纸把它包上，放在盒子里埋在后院，再给它举行一个葬礼，葬礼结束后，妈妈带你去吃冰激凌，再给你买那只你最喜欢的宠物狗，你不要太……"妈妈正在安慰儿子时，突然发现海龟动了一下，高兴地叫道："儿子！海龟没有死！"

"我可以把它杀了吗？"儿子失望地说道。

正解

"失之东隅，收之桑榆"，人们常用获得某一件物品以补偿失去一件物品的心理，通过这种补偿行为，一种事物带给人们的遗憾则消解在另一种事物带给人们的欣喜中。

秒懂

当个体受限于本身生理和心理上的缺陷，导致既定的目标不能实现时，便以其他的方式来弥补这些缺陷，从而降低其内心的焦虑感，重拾自己的自尊心，这种行为称为"补偿"。"补偿"这种心理防御机制可分为3种类型，其一为消极性补偿，其二为积极性补偿，其三为过度补偿。

（1）消极性补偿

所谓的"消极性补偿"，是指个体所用来弥补缺陷的方法，非但没有为个体本身带来任何帮助，反而招致更大的伤害。比如，一个事业发展不顺的男人，索性放弃追求，每天都沉溺在酒精中不能自拔；一个单身的人感到生活空虚，便通过暴饮暴食来缓解心里的压力；一个男生被班里的学生所排斥，男生为了得到同学的认可，便参加了不良帮派组织，成天游手好闲；一个孩子由于被忙于工作的父母所忽略，便索性做出一些负面的行为来引起大人的注意。

（2）积极性补偿

"积极性的补偿"是指以通过正面的途径来弥补缺陷，从而为个体的人生带来好的转变。比如，一个女孩相貌平庸，为了弥补这个缺陷，她便发奋学习，通过在学业上获得成就来赢得他人的重视；有的人先天身体素质较差，便加强体育锻炼，结果他的身体素质反而比普通人的还要好；联邦德国在第二次世界大战后，成立了许多慈善救济组织，特别成立了针对犹太人救济的组织，以弥补第二次世界大战时希特勒政府为世界带来的浩劫。

（3）过度补偿

所谓"过度补偿"，是指个体否认其在某一方面的缺点不可克服性或者是为了曾经经历的失败而加倍努力，期望能予以克服，结果反而矫枉过正，正面的改进行为演变为恶劣的后果。比如，一个从小县城来的女孩进入大学后，突然意识到自己非常土气，于是便试图改变自己的形象。她除了积极参加学校的社团活动外，还用业余兼职赚来的钱购买名牌服饰，结果，女孩对名牌着了魔，当她兼职赚来的钱不足以满足她的消费水平时，便开始透支信用卡，最终欠了银行很多的钱。

"补偿"一词，最初由奥地利心理学家阿德勒所提出，他从自己的亲身经历中得出这样一个结论：每个人天生都有一些自卑感（自卑感萌发于儿童时期，个体自觉别人永远比自己高大强壮），而此种自卑感觉使个体产生"追求卓越"的需要，而为满足个人"追求卓越"的需求，个体于是通过"补偿"方式来力求克服个人的缺陷。一般而言，人们使用何种补偿方式来克服人们独有的"自卑感"，便构成人们独特的人格类型。从 3 种补偿方式类型来看，"积极性补偿"对于人们超越自卑具有明显的正面意义，另外两种补偿方式则使人们或者自欺欺人地超越了自卑，或者被自卑情结所奴役，以致为了获得外界的认同而失去了自己真正的人生。

13　拳击裁判员最多只需要数到 10

建设性心理防御机制：升华

歪读

汤姆已经是小学二年级的学生了，可他还是不会数 10 以上的数。

老师担心地问他："你将来当什么好呢？"

汤姆："我当拳击裁判员。"

老师："为什么？"

汤姆："拳击裁判员最多只需要数到 10。"

正解

每个人的缺点和本能并不具有绝对的或正面或负面的意义，只要找到适当的表现途径，缺点也能变为一个人事业成功的助力。

秒懂

"升华"一词是弗洛伊德最早使用的，他为"升华"做了如下定义：个体将一些本能的行为如饥饿、性欲或攻击的内驱力转移到一些能让自己或社会所接纳的范围内。比如说，有的人天生有暴力倾向，他便借助锻炼拳击或摔跤等方式来满足这种心理，最终将其转移为对自己的正面影响力，从而取得了事业上的成功；有的人言辞刻薄，惯于批评他人，于是他选择了评论家的工作，通过合理的渠道宣泄自己的情绪。上述行为便是通过"升华"表现出的心理防御机制，"升华"是一种非常积极的心理防御机制，它有助于个体将负面的经历、情绪和情感转变为能够社会所认同的行为，而且在这个过程中，个体由于获得认同感而得到心理的满足。

安娜·弗洛伊德是精神分析学派的创始人弗洛伊德的小女儿，她子承父业，同样是一位在精神分析领域颇有建树的心理学家。1936年，她出版了《自我与心理防卫机制》一书，在书中她将精神防御分为10种类型，认为相较其他9种防御机制，"升华"不论对于成人还是儿童而言，都是十分有利的。

在这个世界上，很多人由于遭受负面的内驱力的影响而不得不经受内心的煎熬，或者做出了一些无益于自己和他人的事情。其实，如果他们能将一些本能冲动或者因挫折产生的不满怨愤转化为能够得到社会认可的行为，他们应该会快乐得多。

行为心理学篇

——为什么我们会这样说、那样做

01　孩子在为谁而玩

动机：事件的性质并不完全取决于结果，还取决于动机

歪读

一群孩子在一位老人家门前嬉闹，叫声连天。几天过去，老人难以忍受。

于是，他出来给了每个孩子 25 美分，对他们说："你们让这儿变得很热闹，我觉得自己年轻了不少，这点钱表示谢意。"

孩子们很高兴，第二天仍然来了，一如既往地嬉闹。老人再出来，给了每个孩子 15 美分。他解释说，自己没有收入，只能少给一些。15 美分也还可以吧，孩子仍然兴高采烈地走了。

第三天，老人只给了每个孩子 5 美分。

孩子们勃然大怒，"一天才 5 美分，知不知道我们多辛苦！"他们向老人发誓，他们再也不会为他玩了！

正解

人的动机分两种：内部动机和外部动机。如果按照内部动机去行动，我们就是自己的主人。如果驱使我们的是外部动机，我们就会被外部因素所左右，成为它的奴隶。

在这个寓言中，老人的算计很简单，他将孩子们的内部动机"为自己快乐而玩"变成了外部动机"为得到美分而玩"，而他操纵着美分这个外部因素，所以也操纵了孩子们的行为。寓言中的老人，像不像是你的老板、上司？而美分，像不像是你的工资、奖金等各种各样的外部奖励？

⏱ 秒懂

"动机"是一个概括性术语，是对所有引起、支配和维持生理和心理活动的过程的概括。"动机"为名词，在作为动词时则多称做"激励"。在组织行为学中，"激励"主要是指激发人的动机的心理过程。通过激发和鼓励，使人们产生一种内在驱动力，使之朝着所期望的目标前进。

"动机"是在目标或对象的引导下，激发和维持个体活动的内在心理过程或内部动力。动机是一种内部心理过程，不能直接观察，但是可以通过任务选择、努力程度、活动的坚持性和言语表示等行为进行推断。"动机"必须有目标，目标引导个体行为的方向，并且提供原动力。动机将产生活动，活动促使个体达到他们的目标。

"动机"具有激活、指向、维持和调整功能。"动机"是个体能动性的一个主要方面，它具有发动行为的作用，能推动个体产生某种活动，使个体从静止状态转向活动状态。同时它还能将行为指向一定的对象或目标。当个体活动由于"动机"激发而产生后，能否坚持活动同样受到动机调节和支配功能影响。

关于"动机"的理论主要有：本能论、驱力论、唤醒论、诱因论和认知论。

（1）动机的本能理论：人类的行为是在进化过程中形成的，由遗传固定下来，不学而会的。

（2）动机的驱力理论：个体由于生理需要而产生一种紧张状态，从而激发或驱动个体采取行为以满足需要，消除紧张，以便机体恢复平衡状态。

（3）动机的唤醒理论：人们总是被唤醒，并维持着生理激活的一种最佳水平，不是太高也不是太低。

（4）动机的诱因理论：针对驱力理论的缺陷（驱力理论仅强调个体的活动来自内在的动力，它忽略了外在环境在引发行为上的作用），研究者提出了诱因理论。诱因是个体行为的一种能源，它促使个体去追求目标。诱因与驱力是不可分开的，诱因是由外在目标所激发的，只有当它变成个体内在的需要时，才能推动个体的行为，并产生持久的推动力。

（5）动机的认知理论。现代认知理论认为：认知具有动机功能。动机的认知理论主要有：期待价值论、动机的归因论、自我功效论和成就目标论。

①期待价值论：把达到目标的期待作为行为的决定因素，期待帮助个体实现目标。

②动机归因论：动机是思维的功能，采取因果关系推论的方法从人们行为中寻求行为发生的内在动力因素。

③自我功效论：认为人对行为的决策是主动的。人的认知变量如期待、注意和评价在行为决策中起着重要的作用。期待分为结果期待和效果期待：结果期待是指个体对自己行为结果的估计；效果期待是指个体对自己是否有能力来完成某种行为的推测和判断，这种推测和判断就是个体的自我效能感。

④成就目标论：不同个体对自己的能力有不同的看法。这种对能力的潜在认识会直接影响个体对成就目标的选择。

P02　智能收音机过分智能

经典条件反射：为什么狗屎状的冰激凌让人难以下咽

歪读

一位女士在她的车里装了一部智能收音机，这个收音机可以根据她的口头命令自动调整到合适的频道。

"贝多芬。"女士一边开车一边说，很快她就听到了《命运》。

"麦当娜。"很快她就听到了《阿根廷别为我哭泣》。

女士对这套装置非常满意。这一天，她开车出去兜风。车子开到一半，路过一个十字路口时，前面绿灯变亮，她刚要开过去，就见旁边一辆车一下子超过她，飞驰而去。

"不长眼睛的白痴！"她狠狠地骂道，很快收音机里开始播放一个男人的声音："女士们、先生们，欢迎你们来到白宫与我共进晚餐！"

正解

这部智能收音机可以说完美地演示了心理学中的经典条件发射理论，应该算是一项伟大的发明。

秒懂

你和两个朋友看完一场电影，你认为这部电影简直就是垃圾，根本就不具备欣赏的价值，你的一个朋友则认为这部电影笑话百出，是一部非常不错的喜剧电影，你的另一个朋友对于这部电影则无动于衷，认为没有必要去评价些什么。对于同样的事物，为什么人们会产生形形色色的观点，甚至有的观点还是严重对立的？这个问题涉及的便是心理学中的态度理论，即人们的价值观和道德观是如何形成的。

"经典条件反射理论"便是阐述态度理论的一种观点，该观点认为，态度对象（条件刺激物）与引起积极或消极情绪的事件（无条件刺激物）之间的重复的、系统的联系，可以产生对该对象的或积极或消极的态度。比如，纳粹分子这个词通常与恐怖罪行相联系，人们对于纳粹分子常常都深恶痛绝，便是因为人们把纳粹分子与恐怖罪行联系了起来。

诺贝尔奖金获得者、俄国生理学家伊凡·巴甫洛夫最早提出"经典性条件反射"。他在研究消化现象时，观察了狗的唾液分泌，唾液分泌量的有无和多少可以体现出狗对食物的反应特征。巴甫洛夫的实验方法很特别，他把食物显示给狗，并测量其唾液分泌。在这个过程中，他发现如果随同食物反复给一个中性刺激，即一个并不自动引起唾液分泌的刺激，如铃响，狗就会逐渐"学会"在只有铃响但没有食物的情况下分泌唾液。一个原是中性的刺激与一个原来就能引起某种反应的刺激相结合，从而使动物学会对那个中性刺激做出反应，这就是"经典性条件反射"的基本内容。

巴甫洛夫将自己的研究成果公布后不久，一些心理学家，如行为主义学派的创始人华生，开始主张一切行为都以"经典性条件反射"为基础。虽然在美国这一极端的看法后来并不普遍，但在俄国以"经典性条件反射"为基础的理论在心理学界长期占统治地位。无论如何，人们一致认为，相当一部分的行为，用"经典性条件反射"的观点可以做出很好的解释。

借助经典条件反射理论，巴甫洛夫解释了学习行为，他认为"所有的学习都是联系的形成，而联系的形成就是思想、思维、知识"。他所说的联系就是指暂时神经联系。他说："显然，我们的一切培育、学习和训练，一切可能的习惯都是很长系列的条件的反射。"

人的态度形成同样遵从"经典条件反射"理论，比如，假如把美味的冰激凌做成狗屎的样子，不论你多么喜欢吃冰激凌，但是面对这个狗屎状的食物，你也会对其弃而不闻。

P03 "哄、吭、啊、吱"也是流利英语的一部分

社会学习理论：学习是人的本能

歪读

一个非洲酋长到伦敦访问，一群记者在机场截住了他。

"早上好，酋长先生，"其中一人问道，"你的路途舒适吗？"

酋长发出了一连串刺耳的声音："哄、哼、啊、吱、嘶嘶，"然后用纯正的英语说道，"是的，非常舒适。"

"那么，您准备在这里待多久？"

酋长仍旧发出了同样的一连串噪声，然后答："大约3个星期，我想。"

"酋长，告诉我，你是在哪学的这样流利的英语？"迷惑不解的记者问。

又是一阵"哄、吭、啊、吱、嘶嘶"声后，酋长说："从短波收音机里。"

正解

人类通过模仿与学习保持了社会传统和价值观的传承性，不过，并不是什么东西都可以学习的，比如从短波收音机里传出来的英语。

秒懂

"社会学习理论"是由美国心理学家阿尔伯特·班杜拉（Albert Bandura）于1977年提出的，该理论侧重探讨学习和自我调节在引发人的行为中的作用，强调人的行为和环境的相互作用。

班杜拉通过一个名为"波波玩偶"的实验研究了儿童的攻击性暴力行为，

波波玩偶是与儿童体形接近的一种充气玩具。在这个实验中，班杜拉选用儿童作为实验对象，因为通常儿童很少有社会条件反射。班杜拉试图使儿童分别受到成人榜样的攻击性行为与非攻击性行为的影响，然后将这些儿童置于没有成人榜样的新环境中，以观察他们是否模仿了成人榜样的攻击性行为与非攻击性行为。实验表明，那些目击了攻击性成人榜样行为的儿童，将试图模仿或实施类似的攻击性行为，即使榜样并不在现场。

班杜拉主张，如果早在儿童时期就能诊断出攻击行为，那么就可以重新塑造这些儿童以免使他们沦为成年犯罪人。班杜拉认为，人后天习得行为主要有两种途径：一是依靠个体的直接实践活动，这是直接经验学习；另一种是间接经验学习，即通过观察他人行为而学习，这是人类行为的最重要来源，建立在替代基础上的间接学习模式是人类的主要学习形式。通过观察学习，可以使人们避免去重复尝试错误而带来的危险，避免走前人走过的弯路。

传统的学习理论，如桑代克的"联结理论"、华生的"经典性条件反射理论"等几乎都局限于直接经验的学习，不能解释人类许多习得的行为，班杜拉另辟蹊径地发现了间接学习即观察学习的重要性。

具体到态度形成方面，"社会学习理论"认为人们学习社会态度和社会行为往往只是由于观察到榜样的态度和行为，即如果一个小孩子观察到自己的父母善待自己的邻居，相对那些父母对邻居态度恶劣的儿童，前者更倾向于与人为善。

P04   不是所有被关进冰箱的动物都做了错事

强化理论：如果你希望某个行为重现，便对其进行奖励

歪读

一个小伙子在生日那天收到了一份礼物，是一只会说话的鹦鹉。小伙子非常喜欢这只鹦鹉，可是他很快就发现这只鹦鹉满嘴脏话，态度粗鲁，根本无法跟它进行友善的交流。

小伙子决心要改变鹦鹉，于是他每天都对着它说礼貌用语，教它文雅的词汇，并播放一些轻柔的音乐，可是一点用也没有，鹦鹉仍然是满嘴脏话。

他生气地冲着鹦鹉喊叫，鹦鹉冲着他喊得更响。

一次，他气极了，把鹦鹉扔进冰箱里。几秒钟后，他听到鹦鹉在里面扑腾，叫喊，咒骂。

一段时间后，鹦鹉安静下来了，一点声儿也没有。半分钟过去了，还是寂静无声。小伙子担心鹦鹉给冻坏了，马上打开冰箱。

鹦鹉平静地走出来，乖乖地站到他胳膊上，用非常诚恳的口气说："很抱歉我惹你生气了，以前是我做得不对，我决定痛改前非，再不说脏话了，请你原谅我。"

小伙子惊异于鹦鹉的转变，还没来得及说什么，鹦鹉接着说道："我能问问里面那只鸡做错了什么吗？"

正解

如果你希望一个人的某种行为屡次出现，便对这种行为实施奖励，如

果你不希望一个人的某种行为出现，便对其实施惩罚。

"我能问问里面那只鸡做错了什么吗？"

秒懂

"强化理论"是美国的心理学家和行为科学家斯金纳、赫西和布兰查德等人提出的一种理论，强化理论也称为"行为修正理论"或"行为矫正理论"。"强化理论"的主要观点是，人们习得从事某个行为是因为该行为伴随着某种愉快的事情，人们习得避免某个行为是因为该行为伴随着某种不愉快的后果。

最早提出强化概念的是俄国著名的生理学家巴甫洛夫，在巴甫洛夫"经典条件反射"中，强化指伴随于条件刺激物之后的无条件刺激的呈现，是一个行为前出现的、自然的、被动的和特定的过程；而在斯金纳的操作条件反射中，强化是一种人为操纵，是指伴随于行为之后以有助于该行为重复出现而进行的奖罚过程。巴甫洛夫等的实验对象的行为是刺激引起的反应，称为"应答性反应（ respondents operant ）"； 而斯金纳的实验对象的行为是有机体自主发出的，称为"操作性反应"。经典条件作用只能用来解释基于应答性行为的学习，斯金纳把这类学习称为"S（刺激）类条件作用"；另一种学习模式，即操作性或工具性条件作用的模式，则可用来解释基于操作性行为的学习，他称为"R（强化）类条件作用"，并称为"S-R"心理学理论。

斯金纳所倡导的强化理论是以学习的强化原则为基础的关于理解和修正人的行为的一种学说。所谓强化，从其最基本的形式来讲，指的是对一种行为的肯定或否定的后果（报酬或惩罚），它至少在一定程度上会决定这种行为在今后是否会重复发生。斯金纳特别区分了两种强化类型：正强化（positive reinforcement，又称积极强化）和负强化（negative reinforcement，又称消极强化）。当在环境中增加某种刺激，有机体反应概率增加，这种刺激就是正强化。例如，当饥饿的白鼠按动开关时给予食物，食物便是正强化物。当某种刺激在有机体环境中消失时，反应概率增加，这种刺激便是负强化，是有机体力图避开的那种刺激。例如，当处于电击状态下的白鼠按动开关时停止电击，停止电击就是负强化。

人的态度形成也会受到强化理论的影响。比如，一个人为了得到社会认同，当他发觉自己的真实观点和社会所认同的观点相抵触时，他便会放弃自己固有的情感和价值观，顺从趋同效应，附和大多数人的观点。

P05　两粒安眠药，总比两张卧铺票便宜

态度理论：期望价值理论

歪读

一对夫妇要坐夜车到外地访友。先生打算坐普通车，随便凑合过一晚，这样可以省下一些费用。可太太却撒娇地说："亲爱的，我希望能有一张卧铺，舒舒服服睡一夜。不然，我会睡不着的。"

先生便应允着去买票了，但回来时却举着两张普通票，并得意地对太太说："仔细想了又想，还是普通车票便宜。"

太太哭丧着脸说："可我要失眠的呀！"

"不要紧，我另外还买了两粒安眠药。"先生安慰她说。

正解

"两害相权取其轻，两利相权取其重"，不管是有意识还是无意识，人们总是会根据这个法则选择自己的态度和行为。

秒懂

"期望价值理论"是动机心理学最有影响的理论之一。该理论认为，个体完成各种任务的动机是由他对这一任务成功可能性的期待及对这一任务所赋予的价值决定的。个体自认为达到目标的可能性越大，从这一目标中获取的激励值就越大，个体完成这一任务的动机也越强。也就是说，在现实生活中，人们倾向于采取能导致最好结果的态度，拒绝采取可以招致

不良结果的态度。人们在决定态度时力图扩大主观效用，主观效用是某结果的价值与该态度产生这种结果的预期的乘积。

举个例子，你现在正在做一个关于买车的决策，考虑买赛车还是买家用车，在比较时，你认为几乎可以肯定（高预期）赛车是更有趣的（高正价值）。但是也有某种可能（低预期）赛车修理时花钱多，然而你有个哥哥会修车，你认为花钱不会太多（低负价值）。这时肯定的高正价值超过了不肯定的低负价值，所以你决定买赛车。

$\mathscr{P}$06　他出的馊主意，就是让我来找你

一致性理论：人们为什么选择世界名胜为目的地

歪读

一个病人第一次去看医生。

"关于你的病情，你来这儿之前请教过什么人吗？"医生问。

"只问过拐角药房的老板。"病人回答说。

那位医生最讨厌那些不是医生的人常常向病人提供意见，他一点也不掩饰自己的这种情绪："那个傻瓜给你出了什么馊主意了？"

"他让我来找你。"

正解

由于医生不喜欢药店的老板，当药店的老板为病人提供了医生赞成的信息时，医生并不会感到愉快，所以为了降低内心的冲突医生不得不试着做一些调整：改变对药店老板的负面态度。

秒懂

一致性理论是由查尔斯·埃杰顿·奥斯古德和坦南包姆于1955年提出的，研究了当信息源提供对某件事的看法时是否会引起态度改变的问题。

"一致性理论"认为，人对周围各种人和事物由于不同评价而有相同或相异的态度。这些态度之间可以是互不相干而独立的，比如，一个人既喜欢自己的朋友，同时也喜欢看美国电影，但如果态度对象中的一方发出

有关另一方的信息，如朋友表示喜欢或者不喜欢美国电影——朋友则成为信息源，对美国电影的评价则成为信息对象，两者及有关两者的态度之间就有了关联。如果这个人对两件事都持有一样的态度，他就会感到愉快，无须改变原态度；而假如朋友表明他不喜欢美国电影，这时人就会体验到冲突、不安或不快。

为了达到心理上的一致与和谐，人便会从内部产生动力，驱使他去调整对两件事的态度，或者放弃对朋友的感情，或者与朋友一样同样不喜欢美国电影。一般而言，人调整自己的态度过程是迅速完成的，自己往往不能明确地意识到。

"一致性理论"涉及 3 个变量：

（1）个人对信息源的态度；

（2）个人对信息源所评论的事件的态度；

（3）信息源对于事件的论断性质。

这一理论概括起来就是：如果人们喜欢的信息源提出了人们赞同的看法，他的论断将符合人们的参照点；如果人们喜欢的信息源提出了人们不赞同的看法，或者人们不喜欢的信息源提出了人们赞同的看法，那么他的论断将不符合人们的参照点。体验到不符合的人就会改变其对信息源或者信息源所评价的事物的态度。

按照"一致性理论"的观点，也可以解释为什么人们在旅游时，总会选择那些知名旅游地点为目的地。这是因为那些知名的旅游地点为游人提供的服务具有品质保证，它们为游人提供的愉快和便利是可以预见的，按照概率论来推断，在这些知名旅游景点遭遇不愉快经历的风险是很小的。

$\mathcal{P}$07 牧师尽管你行善一生，
依然无法回避一场龙卷风

认知失调理论：为什么有的人会毕生从事不喜欢的工作

歪读

堪萨斯州的一个乡村牧师去英国访问后回到了家乡，刚下火车，他便在车站碰到了他所属教区的一个教民。

"我们那里出了什么事吗，希拉姆？"牧师问道。

"先生，不幸极了。一场龙卷风卷走了我的家。"教民回答说。

"亲爱的，"牧师同情地说，"知道了，但我不感到惊奇。希拉姆，你记得吗，我早就警告你，要你注意你的生活方式。恶有恶报是谁都无法回避的。"

"先生，龙卷风把你的家也给卷走了。"希拉姆说。

"是吗？"牧师说，"阿门，上帝以为我去英国不回家了。"

正解

按照牧师的逻辑，只有那些不注意生活方式的人，他们的房子才会被龙卷风卷走。然而，牧师作为一个注意生活方式的人，他的房子也被卷走了，此时，牧师的观点和现实世界的事实便出现了冲突，为了缓和这种冲突，牧师便为自己找了一个理由——"上帝以为我去英国不回家了"——心理学中的认知失调理论所解释的正是这种现象。

⏱ 秒懂

"认知失调理论"最早由费斯廷格（Leon Festinger）于 1957 年提出，该理论认为当两种认知或认知与行为不协调时，为了保持一致，人们将会改变自己的态度。在费斯廷格看来，所谓的认知失调是指由于做了一项与态度不一致的行为而引发的不舒服的感觉，比如你本来想帮助你的朋友，实际上却帮了倒忙，这便会让你产生内疚的情绪。一般而言，人们的态度与行为是一致的，比如你与你喜欢的人一起从事很多活动，对于那些你不喜欢的人，你则爱理不理。但有时态度与行为也会出现不一致，比如一个人认为吸烟有害身体，暗暗告诫自己一定不要吸烟，但是有一次，这个吸烟的反对者却与同事一起吸了烟。当态度与行为不一致时，常常会引起个体的心理紧张，为了克服这种由认知失调引起的紧张，为了减少自己内心的不舒服感，这个人便为自己的吸烟行为找了一个"合理"的理由：与同事一起吸烟，有助于让自己得到他们的认同，可以为自己带来和谐的职场关系。

关于认知失调理论，费斯廷格做过一个著名实验，他让 3 组被试者从事重复乏味的作业 1 个小时，然后让第 1 组被试者向其他人说明作业的真实情况，让第 2 组和第 3 组被试者把作业说成有趣好玩的，第 2 组和第 3 组唯一的区别是，第 2 组的被试者获得了 1 美元，第 3 组被试者获得了 20 美元。最后，问这 3 组被试者对作业的态度。

实验结果显示，第 1 组被试者表示出最消极的态度，但是第 3 组被试比者第 2 组被试者表示出更消极的态度，实际上只有第 2 组被试者对作业表示出积极评价。对于第 2 组和第 3 组之间所表现出的差别，实验者认为，第 2 组被试者只得到了 1 美元，他们认为为了 1 美元的报酬撒谎显然说不过去，这时，第 2 组被试者便出现了认知失调，为了消除这种失调，第 2 组被试者便改变了自己对于作业的态度，对于作业给予了正面的较高的评价。而第 3 组被试者获得了 20 美元，20 元钱的报偿足以诱使被试者说出与自己体验相反的话，他们没有感到高度的认知失调，所以他们没有改变自己的评价，仍然认为作业十分枯燥乏味，自己只不过是为了钱而向其他的人撒谎罢了。

　　在现实的事业选择中，有的人毕生从事的工作并不是自己喜欢的，甚至是十分厌恶的，但是他们仍然为这份工作付出了大半生的时间，其中的一个原因很可能就是，这份工作薪水比较高，他们只是为了获得较高的薪水而工作，因此接受自己不喜欢的工作并不会让他们出现认知失调，由于具备高薪这个诱因，他们便会认为接受自己所厌恶的工作是理所当然的。

P08 你有什么样的期望和信念，生活便回馈你什么样的人生

自我实现的诺言：心想事成的秘密

歪读

一天晚上，在漆黑偏僻的公路上，一个年轻人的汽车抛了锚：汽车轮胎爆炸了！

年轻人下来翻遍了工具箱，也没有找到千斤顶。怎么办？这条路半天都不会有车子经过，他远远望见一座亮灯的房子，决定去那个人家借千斤顶。在路上，年轻人不停地想：

"要是没有人来开门怎么办？"

"要是没有千斤顶怎么办？"

"要是那家伙有千斤顶，却不肯借给我，那该怎么办？"……

顺着这种思路想下去，年轻人越想越是生气，当走到那间房子前，敲开门，主人刚出来，他冲着人家劈头就是一句："他妈的，你那千斤顶有什么稀罕的。"

正解

你怀有什么样的期望和信念，生活便回馈给你什么样的人生。

秒懂

关于"心想事成"，很多人或许会想，所谓的心想事成不过是自欺欺

人的把戏，正所谓"三分人事，七分天意"，至于能不能心想事成，主要还取决于上帝的想法。然而，心理学家却通过实验证明，如果你怀有好的期望和信念，你便可能看到你所希望的事情的发生。心理学家将这种现象誉为"自我实现的诺言"，指的是关于某些未来行为或事件的预测对行为互动改变很大，以至于产生预期的结果。试想，某一天，你去参加一个聚会，如果在参加聚会前，你便认为这个聚会非常无聊和浪费时间，当你参加聚会时，你的感觉很可能与你预期的一样。

美国著名心理学家罗森塔尔等人于1968年做过一个著名实验。他们到一所小学，在1～6年级中各选3个班的儿童进行"预测未来发展的测验"，然后他们认为有些学生属于大器晚成，他们把"大器晚成"的学生名单提供给了教师。其实，这个名单并不是根据测验结果确定的，而是随机抽取的。8个月后，罗森塔尔再次对名单上的学生进行智力测验，结果发现他们的成绩显著优于第1次测得的结果。为什么会出现这种结局呢？罗森塔尔认为，这可能是因为老师们对那些学生予以特别照顾和关怀，以致使他们的成绩得以改善。后来人们便把由期望而产生实际效果的现象叫做"罗森塔尔效应"，也叫做"皮格马利翁效应"（"皮格马利翁效应"源于古希腊神话的一个故事——塞浦路斯国王性情孤僻，常年一人独居。他善于雕刻，孤寂中用象牙雕刻了一座表现了他理想中的美女像。久而久之，他竟对自己的作品产生了爱慕之情。他祈求爱神阿佛罗狄忒赋予雕像以生命。阿佛罗狄忒为他的真诚所感动，就使这座美女雕像活了起来。皮格马利翁遂称她为伽拉忒亚，并娶她为妻。"皮格马利翁效应"的宗旨可以概括为："说你行，你就行，不行也行；说你不行，你就不行，行也不行"）。

现代量子力学表明，世上的万事万物都是由能量组合而成的，而能量就是一种振动频率，每样东西都有它不同的振动频率，因此，世界上才出现了纷繁各异的事物。无论是像桌子和椅子等有形的物体，还是思想和情绪等无形的东西，都是由不同振动频率的能量组成的。比如，一排音叉，当你敲响其中一个，音叉发出清脆的高调乐声，没多久，其他的音叉也会发出同样高调的乐声，它们的声音会互相应和，产生共鸣，甚至越来越大声。

振动频率相同的东西，会互相吸引而且引起共鸣。人们的意念和思想是有能量的，脑电波是有频率的，它们的振动会影响其他的东西。也就是说，你生活中的所有事物都是你吸引过来的，是你大脑的思维波动所吸引过来的，所以，你将会拥有你心里想得最多的事物，你的生活，也将变成你心里最经常想象的样子——这就是如今风靡世界的"吸引力法则"。

你可以这样来理解吸引力法则：无论你的注意力和能量集中在哪个方面，也无论这种注意力或者能量是消极的还是积极的，你都在吸引着它们成为你生活的一部分——这便是如何心想事成的秘密：持续关注那些可以让自己感受到幸福的事物，并认为其是可以达到的。

P09　在屋顶上画一个太阳，结果他中暑了

安慰剂效应：积极的自我心理暗示

歪读

有一位医生对他的同事说："让病人用精神治疗法治病，有时也会起副作用。"

同事不解地问："这是怎么回事呢？"

"上次我接待了一个神经衰弱者，"医生说，"我劝他到气温高的地方去休养一段时间，他说经济能力不允许。我便让他在屋顶上画一个太阳，然后整天想象着在炎热的太阳底下干活。"

"后来怎么了呢？"同事急迫地问。

"唉！后来，他中暑了！"

正解

心态就像是你发给未来的一张订单，你的心态如何，你便会获得如何的回报。

⏱ **秒懂**

"安慰剂效应"又名"伪药效应""假药效应""代设剂效应"（英文为"Placebo Effect"，源自拉丁文"placebo"，该词意思为"我将安慰"）指病人虽然获得无效的治疗，但却"预料"或"相信"治疗有效，而使病患症状得到舒缓的现象。这种似是而非的现象在医学和心理学研究中都并不鲜见。因此，不少医生在对病人进行治疗时，都将这种"安慰剂效应"考虑进去。比如，医生利用安慰剂来激发病人的"安慰剂效应"——当患者对某种药的疗效坚信不疑时，就可以增强该药物的治疗效果，提高医疗质量。

美国牙医约翰·杜斯在其几十年行医生涯中，常常遇到这种情况：一些牙痛患者来到他的诊所后，会释然地对他说："一来这里我的感觉就好多了。"这些患者的良好感觉可能出自如下原因：他们觉得马上会有人来处理他们的牙病了，从而情绪便放松了下来；他们像参加了宗教仪式一样，当他们接触到医生的手时，病痛便得以缓解了……实际上，患者所出现的这种现象与"安慰剂效应"大同小异。

关于"安慰剂效应"的科学性，有实验为证。实验者将被试者分为4组——A组、B组、C组和D组，其中A组服用一种温和的镇痛药；B组服用色泽形状相似的假药；C组接受针灸治疗；D组接受的是假装的针灸治疗。试验结果显示：4组人员的痛感均得以减轻，4种不同方法的镇痛效果并没有明显差异。这说明，镇痛药和针灸的效果并不见得一定比安慰剂或安慰行为更为奏效。

实际上，人类已经有相当悠久的使用安慰剂的历史，早在抗菌素发明以前，医生们便常常给病人服用一些没有任何疗效的粉末，而病人在不知情中却从这些粉末中看到了希望。结果，一些病人果然奇迹般地康复了，有的甚至还平安地度过了诸如鼠疫和猩红热等"鬼门关"。

观察你周围的世界，"安慰剂效应"可以说是屡见不鲜——一队战士在阿尔卑斯山的风雪中迷路了，凭借一张地图，他们扎营熬过了风雪，确定了自己的方位，两天后顺利回到营地。当他们讲述着这张非凡的地图时，人们却发现，这是一张比利牛斯山的地图。有的小孩子非常胆怯，他的父母便告诉他上天已经偷偷地赐给了他勇气和力量，结果这名胆怯的儿童积极地参与了学校的很多活动，还取得了优秀的成绩；一些从小长在城市的人到了乡村后，他们感觉乡村的泉水十分甘甜，然而他们所喝到的泉水不过是同伴所带来的普通矿泉水——种种现象表明，积极的自我暗示虽然不会改变外在的客观世界，但对人们的情绪和态度塑造却有着极为重要的积极意义。

10 上尉谈对象，只记得前三条，没记住最后一条

路径锁定效应：人们很难改变已形成的行为规划

歪读

一位经历过很多战争的上尉退伍了，他英勇善战，曾经获得过很多勋章。上尉刚回到城里，他的朋友给他介绍了一个女友，在他与女友见面前，他的朋友忠告上尉："你在战场上或许很行，但在爱情上有些事你要听我的。第一，你下车后要替你女朋友开门；第二，你女朋友要入座时，你应在她椅子后帮她拉椅子；第三，她说话时你要温柔地看着她；第四，她需要什么东西，你一定要抢先做好，不要让她动手。如果这些都能做到，那十之八九你就能成功得到她的芳心。"

第二天，朋友打电话给上尉，问他昨晚约会的情形如何。上尉沮丧地说："我没有希望了！"

于是朋友问他："你是不是忘了替她开车门？"

他说："不，我替她开了车门，她很高兴！"

朋友又问："你是不是忘了帮她入座？"

他说："不，我帮她入座，她说我是绅士！"

朋友又问："你是不是在她说话时东张西望？"

他说："不，我一直看着她，她说我很温柔，而且称赞我的眼睛很有魅力！"

最后朋友问："那你是不是在什么事情上让她自己动手了？"

他沮丧地说："如果真是这样就好了。我们回家时，她说口渴，于是我就跑去替她买饮料。"

朋友说："那很好呀！"

他又说："可是出于多年的习惯，我一拉开饮料罐，就向她砸了过去，自己躲到了墙壁后面……"

✅ 正解

上尉虽然已经退伍，但退伍以后，他仍然惯性地遵从过去的行为习惯——上尉已经在不自觉的状态下被过去的路径锁定了。

⏱ 秒懂

人们一旦形成某一行为规划，便很难改变既定的规则，这种现象被称为"阿瑟的路径锁定效应"，简称"锁定效应"。"路径锁定效应"由美国圣塔菲研究所研究员布莱恩·阿瑟所提出，阿瑟同时还是斯坦福大学经济与人口学教授，他认为事物的发展过程对道路和规则的选择有依赖性，一旦选择了某条道路便很难改弦易辙，一旦形成行为规划就很难改变这种规则。布莱恩·阿瑟因为此项研究成果而获得了 1990 年年度"熊彼特经济学奖"。

一般而言，路径的产生不是一朝一夕的，而是有着深厚的历史根源，也就是说，路径的形成是时间累积的产物。如果一个国家曾经在世界上扮演过头号强国的角色，即使这个国家后来风光不在，在他们的意识中，也有再次成为世界第一的强烈愿望。比如，法国自从国王路易十四之后，失去了世界第一强国的地位，在此之后，不甘示弱的法国人多次梦想恢复昔日世界头号强国的地位。

美国人的"路径锁定效应"则是一味地维护自己世界老大的地位。第二次世界大战结束后，在随后的 40 多年中，美苏冷战宣告终结，经历东欧剧变，两德统一，柏林墙倒塌，前苏联解体事件后，美国政客们想当然地认为，尼克松所谓的"不战而胜"的时代已经到来了，美国时时处处以世界老大自居，不遗余力地在世界范围内推行他们的政治、军事主张。美国的国际政治、军事战略的路线便是被一种军事指导思想锁定了。

　　宏观国家如此，微观个体也是如此，一个人所从事的职业、所获得荣誉、所形成的价值观和世界观都会锁定其今后的行为思想，使其按照从前所选择的路径确定今后的行为方向。传奇商人史玉柱曾因投资巨人大厦失利而负债达 2.5 亿，若干年后，史玉柱凭借脑白金再次东山再起，从某种程度上来看，史玉柱的卷土重来也受到了路径锁定的影响——他的路径则是成为一名成功的商业领袖。

11 牧师的讲话很不错，但没必要那么长

超限效应：不妨见好就收

歪读

约翰是乡下一名受人尊敬的老邮递员，他死后，葬礼办得很气派，乡下的所有人几乎都来参加了。多年以来，约翰一直兢兢业业地为这个地区的人服务，一直风雨无阻地为大家寄送邮件。牧师认为，自己在葬礼中应该多讲点什么，以此来向约翰表示感谢，于是，他在棺材旁声情并茂地朗诵了一首诗：

"冬天，当大雪纷飞、寒风刺骨时，他来了；春天，当道路泥泞、沼泽为患时，他来了；夏天，当尘土飞扬、太阳灼热时，他来了；冬天，当秋雨绵绵、寒气袭人时，他来了。"

从教堂出来后，在回家的路上，阿尔宾对他的邻居奥洛夫说："奥洛夫，牧师今天的讲话很不错。"

"是的，很不错，但是没必要那么长。实际上他只要说约翰在各种鬼天气里都来就够了。"

正解

人的心理接受是有一定限度的，牧师本来是出于好意用一首诗歌颂约翰的职业操守，但是他的好意却画蛇添足，引起了某些丧礼参加人员的反感，所以，高明的做法是"见好就收"。

⏱ **秒懂**

"超限效应"是指刺激过多、过强或作用时间过久，从而引起心理极不耐烦或逆反的心理现象。在电视剧中常会出现这样的情节，当某一个爱唠叨的长辈训斥晚辈时，晚辈便会在长辈的身后模仿着长辈的神态和语气，默念着长辈的话语，俨然一幕双簧戏。由于长辈的训斥过于频繁，而且总是采用同样的话语，导致晚辈形成了习以为常的心态，通过模仿长辈行为来表达自己不耐烦和逆反的心态。

人的机体在接受某种刺激过多时，会出现自然的逃避倾向，这是人类出自本能的一种保护性的心理反应。1945 年，由于美国人民民意所向，富兰克林·罗斯福第 4 次连任美国总统。当时，《先锋论坛》报的一位记者前去采访罗斯福，请他谈谈此次连任的感想。罗斯福没有直接回答，而是先请这位记者吃一块"三明治"，记者很高兴地吃了下去，随之，罗斯福又请记者吃第二块"三明治"，盛情难却，记者又吃了下去。谁知，总统继而又请记者吃第三块三明治，此时，记者感觉自己已经饱了，不想再吃三明治了，他看了看总统，勉强吃了下去。记者终于完成任务了，不料，总统接着对记者说："请再吃一块吧。"对于总统的盛情，记者这时不得不推托了，因为他实在吃不下去了。罗斯福微笑着说："现在，你不需要再问我对于这 4 次连任的感想了吧，因为你自己已经感觉到了。"

即使是那些让人们乐于接受的事物，如果屡次三番接连出现，也会让人难以招架，出现负面的情绪，任职总统如此，吃美味的三明治也是如此。

某一年，奥运赞助商恒源祥在电视台播放了这样一则电视广告，12 生肖接连在电视中出现"鼠鼠鼠""牛牛牛""虎虎虎"……的声音，一时之间，这则广告恶评如潮，大家对其冠以"恶俗"和"脑残"的评价。这种广告方式便发生了"超限效应"——有时见好就收反而是一种低成本的高明策略。

12　最完美的驼背，是上帝的杰作

合法化效应：公开的观点更难以改变

歪读

一位能言善道的牧师在教堂内歌颂造物主的伟大。牧师结束讲话后，他向在场的信徒们发问："你们有谁敢说天下有哪件事物不是造物主最完美的杰作？"

牧师静待回音。片刻的沉静后，一位坐在教堂一角的驼背缓缓站了起来，他向造物主请教："依您看，我这个驼背怎么样？"

牧师不假思索地赞叹道："这是我所见过的最完美的一个驼背，不论在曲线还是造形方面，都堪称是上帝最完美的杰作。"

正解

相对正常人的体型而言，那名驼背的信徒显然不是造物主完美的杰作，但是牧师为了维护自己的观点，仍然以狡辩的方式赞美了驼背。

秒懂

与在公众面前没有公开讲出来的观点相比，一个公开的观点更难以让观点持有方改变，人们把这种现象称为"合法化效应"，也叫做"公开化效应"。阿希是最先对这种现象做出研究的心理学家，他在实验中发现——如果被试者在一开始就说出了与团体的观点相对立的意见，即使后来团队对某一个客体做出了正确的评价，被试者也仍然倾向于捍卫自己的意见。其后的多次实验表明，一种观点在被公开地说出后，往往就会合法地得到加强，不论客观环境发生了什么变化，观点持有方也很难改变自己既有的主张。

另一名心理学家杰拉德（B.Gerard）曾就此提出过一个假设，他的观点是，一旦某个被试者对团体的意见持相反的立场，哪怕后来团队做出了正确的评价，被试者也不会改弦易辙，仍然会站在团体的对立面，千方百计捍卫自己的观点。杰拉德给出的解释是，之所以会出现这种情况，是由于个人已经公开采取了与团体相反的立场，这便迫使个人不得不坚持到底，甚至不惜故意刺激团体，说一些明显错误的评价意见。

"合法化效应"已经在许多实验中得到了证明。研究者发现要让被试者改变他们所隐蔽的观点，要比让他们改变那些合法化了的，在社会面前公开说出自己的观点，容易得多。可见，观点合法化势必加强一个人的定式。一个人的定式和观点在社会公开后，势必会加强这个人维护既有主张的信念。

那么，为什么会产生"合法化效应"呢？从心理学的角度来看，有如下3个方面的原因。

（1）出于维护自尊心的需要。维护自尊是人自发的举动，一旦自尊心受到破坏后，人们便会千方百计地对其进行维护。一个人说错话、公开表达某一观点后，即使后来知道自己的观点错了，与群众或周围人不同，他为了维护自己的自尊心，也会坚持自己的错误观点，并尽力使其合法化，自圆其说。可见，一个人为了不失自尊心、不失面子，就会产生"合法化效应"。

（2）受到了虚荣心的操纵。有些人公开表达自己的观点后，明明知道这个观点是经不起推敲的，在随后的日子中，也意识到自己错了，但是为了维护自己的权威，他便会百般狡辩，不愿承认自己的错误。因此，一些地位较高的领导人物更易发生"合法化效应"，笑话中的牧师便属于此种情况。

（3）如果在公开的场合表达自己的意见时，在场的人数较多，尤其一些重要的、可对观点表达者产生影响的人物在场时，也会导致"合法效应"的发生，因为观点表达者常会避免为大众留下前后不一的印象。

$\mathcal{P}$13　跳蚤在被切断 6 只脚后，就会变成聋子

过度理由效应：止步于显而易见的外部原因

歪读

比尔正在认真地进行一项生物试验。

他把一只跳蚤的脚切断两只，发声叫它跳，这只跳蚤跳了跳。他再切断它的另外两只脚，再叫它跳。跳蚤又跳了一跳。比尔接着又切断了它仅剩的两只脚，再叫它跳。这时，可怜的跳蚤再也跳不起来了。

试验终于有了结果，比尔十分满意地总结了实验报告，上面写着这么一行字："新试验得出的新论点：跳蚤在切断 6 只脚以后，就会变成聋子。"

正解

也许你会认为比尔的结论非常荒谬，但是在现实生活中，类似这样的荒谬事件却屡见不鲜：人们止步于浅显的所谓"真相"，与实际的真相则相距十万八千里。

秒懂

每个人都力图使自己和别人的行为看起来合理，因而总是有为行为寻找原因的倾向。一旦找到足够的原因，人们就很少再继续找下去，而且，在寻找原因时，人们总是先找那些显而易见的外在原因。因此，如果外部原因足以对行为做出解释时，人们一般就不再去寻找内部的原因了。这就是社会心理学上所说的"过度理由效应"。

1971年，德西和他的助手使用实验方法，很好地证明了"过度理由效应"的存在。他让大学生做被试者，在实验室里解答有趣的智力难题。实验分为3个阶段。第1阶段，所有的被试者都无奖励；第2阶段，将被试者分为两组，实验组的被试者完成1个难题可得到1美元的报酬，而控制组的被试者跟第1阶段相同，不会获得任何报酬；第3阶段，为自由休息时间，被试者可以自主地安排自己的时间。

结果发现，与奖励组相比较，无奖励组的被试者在休息时仍然继续解题，而奖励组虽然在第2阶段十分卖力地解题，但是在第3个阶段却明显失去了对解题的兴趣，放弃了解题的行为。

对于奖励组而言，他们在第2阶段之所以解题，是因为可以获得金钱奖励，所以这时金钱奖励便与解题的行为关联起来，没有金钱奖励，自然没有理由继续解题。在这个过程中，便发生了过度理由效应，奖励组的被试者简单地解读自己解题的行为，完全忽略了其他的可能原因：比如通过成功解题，自己体会到了成就感，这是一种无形的内在报酬。

过度理由效应启示人们不要止步于任何外部理由，而要深入发掘现象背后的真正原因，哪怕这种理由看上去是一种无稽之谈。

有一次，一个客户写信给美国通用汽车公司的庞蒂亚克部门，抱怨道：他习惯每天在饭后吃冰激凌，最近买了一部新的庞蒂亚克后，每次饭后只要他买的冰激凌是香草口味，从店里出来车子就发不动。但如果买的是其他口味，车子发动就很顺利。

庞蒂亚克派一位工程师去查看究竟，发现确实是这样。他经过深入了解后得出结论，这位车主买香草冰激凌所花的时间比其他口味的要少。原来，香草冰激凌最畅销，店家将香草口味的特别陈列在单独的冰柜，并将冰柜放置在店的前端；而将其他口味的冰激凌放置在离收银台较远的地方。

工程师深入调查研究后，发现问题出在"蒸气锁"上。当这位车主买其他口味冰激凌时，由于花费时间较长，引擎有足够的时间散热，重新发动时就没有太大的问题。而购买香草冰激凌时，花费的时间较短，引擎便无法让"蒸气锁"有足够的散热时间，以致车子不容易开动起来。

$\mathscr{P}$ 14　欢迎归来，你这个笨蛋

潘多拉效应：不禁不为、越禁越为

歪读

某游客看到路的前面横了块路牌，上面写着："此路不通，请绕行。"

他向前走了几步，看看道路并无异样，想想也许不过是个善意的玩笑，于是继续向前走去。一会儿，一座断桥挡住了去路，他只好悻悻而归。

走到路牌时，他看到路牌的背面写着："欢迎归来，你这个笨蛋！"

正解

如果路牌标示着"前有断桥，此路不通"，大概此名游客就不会执意前行了，对于那些没有合理解释的禁令，人们总是情不自禁地意欲挑战一下。

秒懂

古希腊神话有这样一个故事，宙斯给了潘多拉一个密封的盒子，让她送给娶她的男人。普罗米修斯深信宙斯对人类不怀好意，便告诫他的弟弟埃庇米修斯不要接受宙斯的赠礼。然而埃庇米修斯仍旧不听劝告，执意娶了美丽的潘多拉。最后，潘多拉被好奇心驱使，打开了那只盒子，立刻里面所有的灾难、瘟疫和祸害都飞了出来。心理学把这种"不禁不为、越禁越为"的现象，称为"潘多拉效应"。

如果宙斯当初送给潘多拉盒子时，便告诉她盒子里装的是什么，以及为什么不能打开的原因，想必潘多拉很可能就不会打开那个魔盒。当人们

被禁止采取某个行为、又没有被提供给可以接受的理由时，人们很可能会逆道而行，在好奇心理和逆反心理的操纵下，做一些被禁止的事情，这就是发生"潘多拉效应"的原因所在。

倘若想避免"潘多拉效应"，便要在要求人们做什么或者不做什么时，给予对方充分的、合理的解释，否则，单纯的禁止只会引起人们产生疑虑、揣度和猜测心理，使人们为了探究为什么不许做而跨越禁区，结果人们毅然地犯禁，与禁令发出者的期望南辕北辙。

在武侠电影中，常会出现这样的情节，一个密室或者房间被规定为禁区，禁止人们进入，结果禁令反而让很多的好奇者闻讯而来，他们千方百计地谋求进入密室，以便一窥究竟，看看里面到底隐藏了什么样的秘密。对于秘密，人们有一种天生的获知欲，这种心理正是"潘多拉效应"发生的导火索。

成功心理学篇

——如何才能发挥人的最佳效能

$\mathcal{P}$01　一胖一瘦，你会先揍谁?

自我效能感：努力与否取决于对结果的期望

歪读

汤姆警官每次在处理酒鬼闹事时，总是挑上最干巴瘦小的警察做伴。

其他人十分不解："你们得和酒鬼干一场呢!"

"对呀，如果有两个警察抓你，其中一个比另一个瘦小，你会先揍哪一个呢?"

正解

酒鬼在与警察干一场前，一般会先推断一下自己是否有能力战胜眼前警察，倾向于选择最弱小的警察下手，因为自己更有把握战胜弱小的警察，在这个过程中，酒鬼的内心便出现了与"自我效能感"有关的心理现象。

秒懂

所谓的"自我效能感"，就是指个体对自己是否有能力为完成某一行为所进行的推测与判断。

"自我效能感"的概念是班杜拉最早提出的，班杜拉在他的动机理论中指出，人的行为受行为的结果因素与先行因素的影响。行为的结果因素就是通常所说的强化，他认为，在学习中没有强化也能获得有关的信息，形成新的行为。因此，他认为行为出现的概率是强化的函数这种观点是不确切的，行为的出现不是由于随后的强化，而是由于人认识了行为与强化之间的依赖关系后对下一步强化的期望，他的"期望"概念也不同于传统的"期望"概念。传统的期望概念指的只是对于结果的期望，而他认为除了结果期望外，还有一种效能期望。结果期望指的是人对自己某种行为会导致某一结果的推测。如果人预测到某一特定行为将会导致特定的结果，那么这一行为就可能被激活和被选择。比如，如果你感到自己每天努力工作就能获得加薪的奖励，你兢兢业业完成上级布置的任务的概率就会较高。效能期望指的则是人对自己能否进行某种行为的实施能力的推测或判断，即人对自己行为能力的推测。它意味着人是否确信自己能够成功地进行带来某一结果的行为。当人确信自己有能力进行某一活动时，他就会产生高度的"自我效能感"，并会去进行那一项活动。也就是说如果你不仅意识到兢兢业业工作可以带来较高的薪酬，而且还感到自己有能力去胜任这份工作，你才会对于工作全力以赴。

"自我效能感"形成或改变的因素如下。

（1）成败经验。一般而言，成功的经验能提高个人的"自我效能感"，多次的失败会降低"自我效能感"。

（2）替代性经验。人们通过观察他人的行为而获得的间接经验会对"自我效能"感产生重要影响。

（3）言语劝说。言语劝说的价值取决于它是否切合实际。缺乏事实基础的言语劝说对"自我效能感"的影响不大，在直接经验或替代性经验基础上进行劝说的效果会更好。

（4）情绪反应和生理状态。个体在面临某项活动任务时的心身反应、强烈的激动情绪通常会妨碍行为的表现而降低"自我效能感"。

（5）情境条件。不同的环境提供给人们的信息是不一样的。某些情境比其他情境更难以适应和控制。当一个人进入陌生而又易引起焦虑的情境中时，其"自我效能感"水平与强度就会降低。

哈佛大学医学院的心理学家罗伯特·布鲁克斯表示，"人们在任何年纪都可以发展坚韧的心智。"他说，一个关键是要避免做自我挫败的假设。如果你被解雇了，或者被女友甩了，不要放大被拒绝的感受，不要假设你再也找不到工作，或者再也不会有约会了（但是，在接踵而来的批评面前，坚持信念是很难的。一位教师在谈及年轻时代的 G.K. 切斯特顿时这样说，如果打开他的脑袋，"我们除了一堆白色脂肪以外，应该找不到什么头脑。"切斯特顿后来成为了英国极负盛名的作家）。

　　"自我效能感"对人们的启示是，千万不要让别人的拒绝中止你的梦想。布鲁克斯教授说："生活中最大的障碍之一就是对羞辱的恐惧。"他说，与他工作的一些人，过去 30 年来，一直不愿承担任何风险或者挑战，就是因为他们担心自己会犯错误。

P02　打电话给弟弟，只为了让他来看摔飞机

习得性无助：本来可以主动地逃避却绝望地等待痛苦的来临

歪读

一名年轻人应征机场塔台的工作，通过前面考试后，最后一关是口试。

考官："有一架飞机准备降落，你从望远镜里发现它的起落架没有放，你会怎么办？"

考生："我会立刻用无线电警告机长。"

考官："如果机长没有回答呢？"

考生："我会立刻取出信号灯，发送'危险，不得降落'的讯号。"

考官："可是机长还是继续下降。"

考生："我会立刻打电话给我弟弟。"

考官："你弟弟？他能做什么？"

考生："他不能做什么，但他从来没看过摔飞机。"

正解

当考生采取了一些举措仍然无法改变飞机降落的命运时，他便索性什么也不做，从某种意义上来看，这便是一种"习得性无助"现象。

秒懂

1967 年，美国心理学家塞利格曼做了这样一个实验：他把一只狗关在笼子里，只要蜂音器一响，就对狗进行难受的电击，狗被关在笼子里，对

于逃避电击无能为力，只能被动地接受电击，几次三番后，蜂音器一响，实验者在给电击前，先把笼门打开，这时狗本可以跑到笼子外逃避电击的，但是狗不但没有逃跑，反而在电击之前就倒在地上呻吟和颤抖——本来可以主动地逃避却绝望地等待痛苦的来临，这就是"习得性无助"。

1975 年，塞利格曼再次做了与"习得性无助"有关的实验，他选择大学生为被试者，将学生分成 3 组。

让第 1 组学生听一种噪声，这组学生无论如何也不能使噪声停止。

第 2 组学生也听这种噪声，不过他们通过努力可以使噪声停止。

第 3 组是对照，不给受试者听噪声。

当受试者在各自的条件下进行一段实验之后，即令受试者进行另外一种实验：实验装置是一只"手指穿梭箱"，当受试者把手指放在穿梭箱的一侧时，就会听到一种强烈的噪声，但如果是放在另一侧时，就听不到这种噪声。

实验结果表明，在原来的实验中，能通过努力使噪声停止的受试者，以及未听噪声的对照组受试者，他们在"穿梭箱"的实验中，学会了把手指移到箱子的另一边，使噪声停止，而第 1 组受试者，也就是说在原来的实验中无论怎样努力，都不能使噪声停止的受试者，他们的手指仍然停留在原处，听任刺耳的噪声响下去，却不把手指移到箱子的另一边。

为了证明"习得性无助"对以后的学习有消极影响，塞利格曼又做了另外一项实验：他要求学生把下列的字母排列成字，比如 ISOENDERRO，可以排成 NOISE 和 ORDER。实验结果表明，原来实验中产生了无助感的受试者，很难完成这一任务。

"习得性无助"与人们的归因方式紧密相关，如果个体把控制力缺失归因为永久性而不是暂时性的，认为是自己的内在人格因素而非情境因素导致了自己的无能为力，便会将这种想法渗透到生活的其他方面，倾向于产生"习得性无助"。

"习得性无助"对于实现成功而言，是一种消极的心理暗示，如果人们觉得自己长久无力改变现状、难以取得突破性进展，便会索性放弃努力，哪怕他们实际上有改变现实的能力。

P03 不要只记住别人欠的钱，
还要记住欠别人的钱

自我妨碍：为什么学生们仍然在考试前喝酒玩乐

歪读

"你千万别忘了，"在病榻上奄奄一息的摩根对妻子说，"隔壁巴特利克还欠着我们 50 元钱……"

"你放心吧！不会忘的。"

"还有，你别忘了，我们还应该还给马克尔 300 元钱。"

"我的上帝呵！"妻子大叫着，"你又说胡话了……"

正解

妻子故意忽略欠马克尔 300 元钱的事实，这样当马克尔向其讨债时，她便可心安理得地对他说，自己对于这一事件一无所知，从而可以免除受到道德的谴责——从某个角度来看，这正体现了"自我妨碍行为"的存在逻辑。

秒懂

在大学的学期末，各科考试接踵而来，有的学生平日经常逃课，日常也疏于学习，但是当考试临头时，他们非但没有认真复习学习内容，反而结伙到酒吧买醉，或者通宵打游戏，为什么会出现这种现象呢？难道临时抱佛脚的紧急复习不是更好的应对策略吗？

上述现象可以用"自我妨碍"来解释，所谓的"自我妨碍"，就是当人们担心自己没有能力完成某项任务时，他们会故意破坏任务的完成，以便为自己的失败准备托辞：失败并不意味着我没有能力，只是我没有努力罢了。比如，一个学生并没有为第二天的考试而用功，反而沉迷于电脑游戏，如果他的考试成绩很差，则他便会说："我只是没有努力罢了。"如此这般，这个学生的自尊便会受到较低的影响，他可以心安理得于自己的失败。

从个体维护自尊和印象管理的角度来看，"自我妨碍"实际上是一种自我保护的行为，它一方面为个体的失败提供了冠冕堂皇的理由，另一方面，当个体获得成功时，还有助于发挥自我增强的作用——没有努力也可以获得成功，个体便可以扬扬自得地宣称自己智力超人。

个体在实施"自我妨碍"行为时，通常通过以下两种形式表现：

（1）行动式自我妨碍

对于难以预知的成败，个体为了做出有利于自己的归因而事先采取了一系列妨碍成功的行为，如有的学生在考试前喝酒玩乐、降低努力程度及为自己设置过高的成就目标等。

（2）自陈式自我妨碍

个体在从事任务之前，为将来可能的失败寻找一系列不可控的借口，一些可能会影响自己发挥水平的因素，如考试焦虑、突然感染疾病和遭遇创伤性的生活事件等。

对于个体来说，大部分的研究认为，"自我妨碍"行为虽然有助于个体免受负面评价的影响，但是，经常进行"自我妨碍"，这不仅会降低个体的自信心，还会增加他们的焦虑反应——因为即使个体能使他人不对他们进行负面评价，他们自身也会对自己形成消极的看法。再者，如果过多地实施"自我妨碍"行为，个体还会增加遭遇失败的可能性，以致降低对学习的兴趣，继而又会采取"自我妨碍"行为，从而陷入恶性循环中。而且，研究者还发现，即使他人没有对实施"自我妨碍"者进行负面评价，他们也不会对这些人产生较好的印象，也就是说，与没有实施"自我妨碍"行为的人相比，"自我妨碍"者往往会得到他人更低的评价。

$\mathcal{P}$04　你是乘客我是司机，大家都是哈佛毕业

拱道效应：即使并非出自名校，也仍然有出头之日

歪读

一名哈佛毕业生刚刚参加完毕业典礼，握着毕业证踌躇满志地走出校门，叫了一辆出租车。出租车司机觉察出了乘客明显的春风得意，不禁问道："先生有什么喜事吗？"

毕业生略带傲慢地说："我是哈佛的，刚毕业了！"

出租车司机面无表情地说："哦，我也是哈佛毕业的，85级！"

正解

在人们的意识中，名校总是与不菲的收入、体面的工作、较高的社会地位紧密相连，但出租司机却为这个命题提供了反证——所以那些毕业于非名校的学生，没有必要因为自己的教育背景而黯然神伤。

⏱ 秒懂

所谓"拱道效应"，是指一种经过"拱道"而使人产生积极心理反映的现象。

英国心理学家德·波诺在《思维的训练》一书中提出了"拱道"的概念，他认为学校犹如一个拱道，名牌学校会产生积极的拱道效应，即一批优秀人物走进拱道，从拱道里就会走出一批优秀毕业生。在这个过程中，拱道除了望着他们通过外，在塑造优秀人物方面，所起的作用是非常微小的。也就是说，名牌学校批量生产优秀毕业生，主要原因并不是学校为学生们提供了出色的教学内容和方式，而是因为名校为学生们设置了较高的进入门槛，加之名校的品牌效应，导致名牌学校招收的本来就是一些十分优秀的学生。这种理论确实有一定的逻辑，但也不能因此就完全抹杀名校对塑造优秀学生的作用，毕竟与普通学校相比，名牌学校还为学生们提供了更有优势的教学资源。

能够成为名校的一员，对于学生而言，这本来就是一件十分自豪的事情，于是他们在学习时便有巨大的动力，更加乐于积极地表现，以持续证明自己的优秀，在这个过程中，便发生了"拱道效应"。而那些并非出自名校的学生，由于对学校持有一种消极的态度，认为一旦自己进入这种普通学校，便难以有出头之日，于是对学习丧失了兴趣，只想得过且过。从某种意义上来说，一个学生到底会成为一个优秀的人物还是平庸之辈，并不取决于他是就读于名牌学校还是普通学校，而是取决于他对学校的态度。一个人因步入普通学校便放弃了继续奋斗的勇气，这才是他难以优秀的最关键因素，而非他所就读的学校导致了他的失败。

因此，"拱道效应"启示我们，即使与名校无缘，因为一次考试失误而进入了普通的学校，也不要悲观地认为自己的人生已经被不成功定格。只要你没有失去奋斗的力量和勇气，只要你为了博取精彩人生而努力不懈，你可以比那些出自名校的毕业生更加优秀。

$\mathcal{P}$05　上帝得优，你得差

酝酿效应：为什么你会在不经意中豁然开悟

🐭 歪读

"只有上帝才知道答案，顺祝圣诞快乐！"学生在答卷上写道。

"上帝得优，你得差，祝新年快乐！"老师批语。

✅ 正解

就像考场上的学生一样，人们常会在生活中遭遇百思不得其解的难题，然而"酝酿效应"告诉我们，某些时候，暂时的放下反而会柳暗花明。

⏱ 秒懂

当一个人长期致力于解决某一个问题而百思不得其解的时候，如果暂时停止对这个问题的思考，转而去做一些其他事情，几小时、几天或几周之后，他可能会忽然想到解决这个难题的办法，这种现象就是"酝酿效应"。

酝酿效应似乎与人的定式心理有关——一个人最初考虑解决问题的途径不成功，走到了一条死胡同后，暂时让自己离开这种情境一会儿，反而常能曲径通幽地顿悟到其他的解决方法。

"酝酿效应"来自于古希腊科学家阿基米德的亲身经历——

国王让工匠打造一顶纯金的王冠，他怀疑金匠在王冠中掺了银，可是这顶王冠与当初交给金匠的金子一样重，谁也不知道金匠是否私吞了金子。于是，国王找来阿基米德，让他解决这个难题。阿基米德为了解决这个问题冥思苦想，尝试了很多方法，但都失败了。

隔了一段时间，阿基米德在洗澡时，坐进澡盆后看到水往外溢，同时感觉身体似乎被轻轻地托了起来。这一刻，阿基米德茅塞顿开，突然想到运用浮力原理就可以解决国王为自己布置的难题。

心理学家认为，在酝酿过程中，虽然人们已不再从事暂时搁置的工作，但其实仍然在潜意识层面进行着推理和思考活动，储存在记忆里的相关信息在潜意识里组合，从而使个体意外地获得问题的解决方案。此外，人们之所以会在休息时与正确答案不期而遇，原因还在于当人们处于放松状态时，消除了前期的心理紧张，由于遗忘了那些不正确的、导致僵局的思路，所以进入了另一种创新思维状态。

美国化学家普拉特也讲述过亲身经历的"酝酿效应"。普拉特在文章中写道："摆脱了有关这个问题的一切思绪，快步走到街上。突然，在街上的一个地方——我至今还能指出这个地方——一个想法仿佛从天而降，来到脑中，其清晰明确犹如有一个声音在大声喊叫。我决心放下工作，放下有关工作的一切思想。第二天，我在做一件性质完全不同的事情时，好像电光一闪，突然在头脑中出现了一个思想，这就是解决的办法，简单到使我奇怪怎么先前竟然没有想到。"

因此，当你因为遭遇一个难题而抓耳挠腮时，不妨先把它放在一边，去和朋友散散步、聊聊天，或者做一些能让自己心情放松的事情，说不定就在你停下来的时候，原来把你逼到死角的难题迎刃而解，你可以真正体会到"山重水复疑无路，柳暗花明又一村"的惊喜。

P06 既然知道我是谁，该怎么办就清楚了吧

桑代克试误说：人类学习的本能从何而来

歪读

动物园招聘一名大象饲养员，一个年轻人前去应聘，动物园的经理说："我有3个条件，你能做到就可以被录取。第一，你先让大象摇摇头；第二，然后让它点点头；第三，最后让它进游泳池。"

年轻人想了想，走到大象面前，问："你认识我吗？"大象摇了摇头。他又问大象："你脾气很大吗？"大象点了点头。然后年轻人拿出一把锥子，对着大象屁股使劲刺了一下，大象一痛，就摔进了游泳池。

年轻人对经理说："我都做到了，可以录取了吧？"经理说："你这么没有爱心怎么可以做饲养员呢？不行！"年轻人非常想获得这份工作，恳求经理再给他一次机会，经理答应了，但是仍然要求年轻人必须做到上述3个条件。

这回年轻人先问大象，"你脾气还大吗？"大象赶紧摇了摇头，他又问："你这回认识我了吧？"大象马上点了点头，然后他说："那你现在知道，该怎么办了吧？"大象连忙跳进了游泳池……

正解

年轻人第一次与大象沟通时，大象的回答使其受到了某种形式的惩罚——被锥子刺痛屁股。年轻人再次与大象对话时，大象便改弦易辙，按照可以免除惩罚的方式进行了回答。人类学习的过程也是如此，不断地修

改错误的行为，强化正确的行为。

⏱ 秒懂

桑代克（E.L. Thorndike）是美国著名的教育心理学家，他曾经做过很多关于动物学习的实验。其中，让饿猫逃出"问题箱"的实验对于学习的实质与机制给予了合理的解释。

桑代克将一只饿猫置于一个用木条钉成的箱子里，箱子里有一个能打开门的脚踏板，当门打开后，猫就能逃出箱子，并获得奖赏——一条鱼。饿猫刚开始进入箱子中时，只是无目的地乱咬、乱撞，后来偶然碰上脚踏板，打开箱门逃出箱子，并得到了食物。

第二天，桑代克再把出逃的饿猫关在箱子中。如此多次重复，最后，猫一进入箱中就能打开箱门。

这个实验表明，猫的操作水平都是相对缓慢地、逐渐地和连续不断地改进的。由此，桑代克得出了一个非常重要的结论：猫的学习是经过多次的试误，由刺激情境与正确反应之间形成的联结所构成的。

桑代克据此认为，学习的实质就是有机体形成"刺激"（S）与"反应"（R）之间的联结。他明确地指出"学习即联结，心就是一个人的联结系统。"同时，他还认为学习的过程是一种渐进的尝试错误的过程。在这个过程中，无关的错误的反应逐渐减少，而正确的反应最终形成。根据这一理论，人们称他的关于学习的论述为"试误说"。

桑代克认为，动物的基本学习方式是试误学习，人类的学习方式可能要复杂一些，但本质是一致的。他从动物学习研究中，试图揭示普遍适用于动物和人类学习的规律。根据实验的结果，桑代克提出了众多的学习律，他认为试误学习成功的条件主要有三个：练习律、准备律、效果律。

（1）练习律

练习律是指学习要经过反复的练习才会有效果。

（2）准备律

准备律包括三个组成部分：①"当一个传导单位准备好传导时，传导而不受任何干扰，就会引起满意之感。"②"当一传导单位准备好传导时，不能传导就会引起烦恼之感。"③"当一个传导单位未准备传导时，强行传导就会引起烦恼之感。"此准备，不是指学习前的知识准备或成熟方面的准备，而是指学习者在学习开始时的预备定式。简而言之，联结的增强和削弱取决于学习者的心理调节和心理准备。

（3）效果律

效果律是指"凡是在一定的情境内引起满意之感的动作，就会和那一情境发生联系，其结果当这种情境再现时，这一动作就会比以前更易于重现。反之，凡是在一定的情境内引起不适之感的动作，就会与那一情境发生分裂，其结果是当这种情境再现时，这一动作就会比以前更难于再现。"也就是说，当建立了联结时，导致满意后果（奖励）的联结会得到加强，而带来烦恼效果（惩罚）的行为则会被削弱或淘汰。

P07　医生戴口罩，是防止他们偷吃药

邮票效应：推理的材料越具体，就越容易得出正确结论

歪读

幼童："妈妈，那些发药的阿姨为什么戴口罩？"

妈妈："给你的药很好吃，院长怕他们偷吃了。"

幼童："那么那些拿刀的叔叔戴口罩是怕他们聚餐吧？"

那些拿刀的叔叔戴口罩是怕他们聚餐吧？

给你的药很好吃，院长怕他们偷吃了。

正解

妈妈的解释虽然不是正确答案，但是因为这种解释与儿童的心理和日常行为密切相关，孩子不但理解了妈妈的逻辑，而且还在这个逻辑的基础

上产生了联想——非常符合"邮票效应"的观点。

⏱ 秒懂

所谓"邮票效应",是指如果研究的课题能够与人的某种具体事物、活动和情景相联系,推论出来的准确性就会大为提高。

邮票效应来自于两个著名的心理学实验——

1972 年,一名心理学家曾经做过这样一个实验:他让一批人扮演邮局的拣信员,在他们的面前摆上几个贴了 50 里拉和 40 里拉面值邮票的信封,有的封了口,有的没有。实验者规定:"如果信封封了,那么它上面应贴有 50 里拉的邮票。"那么,对于这些"拣信员",他们应该翻看哪些信封才能实现这一命题呢?

结果发现,24 个被测试者中有 21 人作了正确的选择,即翻看了那个封了的信封和贴有 40 里拉邮票的信封。

后来,一位叫沃森的科学家变更了材料,进行了一个类似的实验。他把印有符号的四张卡片摆在参加实验者面前。沃森告诉他们,每张卡片的正面印有英文字母,背面印有数字,要求他们从这四张卡片推论出"如果一张卡片的正面印有一个元音字母,则在背面印有一个偶数"这个命题是否有效。

实验者的任务是为判定这个命题是否有效而翻看合适的卡片。结果发现,46% 的人翻看了 E 和 4,这种选择是错的。E 是必须翻看的,但 4 却不必翻看,因为它的背面不论是元音或是辅音,都不会导致这一命题失效。只有 4% 的被试者翻看了 E 和 7。这是正确的选择,因为 E 的背面出现奇数,7 的背面出现元音就会使这一命题失效。另外有 33% 的被试者只翻看 E。其余 17% 的被试者做了其他错误的选择。

在这个实验中,参加实验的人选择正确率为 4%,远远低于邮票实验的正确率 87.5%。这说明,与人的某种具体活动情景相联系的课题,推论的正确性就会大为提高。也就是说,人们在进行推理时,推理的材料越具体,就越容易得出正确结论;而对于那些比较抽象的材料,就会增加推理的难度。

P08 不知道有同伙，就没法安心工作

"社会促进" 与 "社会抑制"

歪读

农夫正驱赶一头驴子耕田。

"加油呵！布鲁诺。走吧，鲁迪。往前拉！奥斯卡。再提一口气！乔。"

一位过路人问道："那头驴子到底叫什么名字？"

"彼得。"农夫回答。

"那可是奇怪了。你刚才不是叫了一些完全不同的名字吗？这是怎么一回事呢？"

"是这样的。"农夫说道，"这头驴子不知道自己有多大能耐。于是，我就瞒着这家伙，叫出许多名字。那么，它就会因为觉得'有这么多驴子来给我帮忙'而安心耕田了。"

正解

某些时候，即使他人只是在场而不提供任何帮助，个体的工作效率也会提高。这是因为，一种隐含的竞争机制发挥了作用。

⏱ **秒懂**

社会促进，又称社会助长，是指个体完成某种活动时，由于他人在场或与他人一起活动而导致行为效率提高的现象。"他人在场"有三种形式：实际在场、隐含在场以及想像在场。19世纪末，心理学家特里普利特对社会促进现象进行了研究，他测量三种条件下的自行车竞赛成绩，发现个人单独骑自行车的速度要比一群人一起骑自行车的速度慢20%。后来，他又以一群10～12岁的儿童作为实验对象，让他们进行卷线操作，发现团体卷线比单独工作的效率高10%。他根据这两个实验得出结论：团体工作效率远比个人工作效率高。

美国社会心理学家扎云克对社会促进现象作出了解释，提出了"社会促进的驱力水平理论"。该理论认为他人在场时，可以提高个体的驱力水平。驱力水平的提高可以使人的优势反应更易于表现出来，如运动员在体育竞赛条件下大多能提高成绩。扎云克的理论还认为，如果作业活动是复杂的、生疏的和技术性的，就会因为他人在场导致驱力水平的提高而降低工作效率。这是与社会促进相反的另一种现象，叫做社会抑制或社会促退。例如，当人们学习新行为或者正在从事复杂的智力活动时，如果有他人在场，将会导致学习效果降低。然而，随着个体重复操作复杂反应训练，使其变为个体熟练的优势反应后，则会出现社会促进现象。

针对社会抑制现象出现的原因，有人提出了"分心—冲突模型"。该理论认为他人的存在之所以会降低其工作绩效，是因为此时引起了个体两种基本倾向之间的冲突，即人们不自觉地会注意周围观众或者与自己一起参与活动的人，又试图把注意力转移到自己不熟悉的活动中，这便导致个体分心，不自觉地影响了工作绩效。

关于社会促进现象，有如下两种效应：

（1）结伴效应：在结伴活动中，个体会感到某种社会比较的压力，从而提高工作或活动效率。

（2）观众效应：个体从事活动时，是否有观众在场、观众多少及观众的表现对其活动效率有明显的影响。

P09 为了全部消灭敌人，只好每人开两枪

Yerkes-Dodson 法则：哪些人更易于取得较好的工作业绩

🐼 歪读

第二次世界大战期间，德国一名高级军官曾问一名瑞士军官："你们有多少人可以作战？"

"50 万吧。"

"如果我派 100 万大军进入你们的国境，你们怎么办？"

"那我们只好每人打两枪。"

✅ 正解

当有 100 万士兵进攻时，瑞士的士兵自然更要严阵以待。在某些时候，人的行为表现与压力成正比。不过，只是"某些时候"。

⏱ 秒懂

"Yerkes-Dodson 法则"也称为"叶杜二氏法则"。该理论认为压力与业绩之间存在着一种倒 U 形关系，适度的压力水平能够使业绩达到顶峰状态，过小或过大的压力都会使工作效率降低。

"Yerkes-Dodson 法则"的提出者是心理学家叶克斯与杜德逊，他们经过实验研究归纳出了"Yerkes-Dodson 法则"，解释了心理压力、工作难度与作业成绩三者之间的关系。他们认为，人们因动机而产生的心理压力，对人们的工作表现有促动功能，不过压力所产生的促动功能的大小，还因

工作难度与压力高低而异。通常来说，在简单易为的工作情境中，当人们承担较高的工作压力时，将会实现较佳的成绩。这是因为简单工作多属重复性的活动，人们长时间从事这种活动便会形成自动化的连锁功能，在完成工作时，一般不需要太多的认知思考便可充分胜任。因此，如果存在心理压力的话，不但不会影响自动化功能的进步，反而有可能提升自动化的速度。但是对于那些复杂困难的工作，便是另一回事了。由于人们在从事复杂的、需要较多智力付出的活动时，心理活动容易受到复杂困难的情绪的扰乱，如果承受了较大的压力，思考稍有疏忽，就难免会忙中出错，引致一些不良后果。

通过"Yerkes-Dodson 法则"，可以得出如下结论：

（1）各种活动都存在一个最佳的动机水平。

（2）动机的最佳水平随任务性质的不同而不同。

（3）在难度较大的任务中，较低的动机水平有利于任务的完成。

很显然，一般而言，那些可以灵活调整自己动机强度的人，更易于取得较好的工作业绩。这是因为在现实环境中，没有一个人总是在执行固定难度的任务，而是会遇到不同性质的任务。如果一个人能根据任务性质的不同进行适当的动机调整，他便能取得较好的成绩。

$\mathcal{P}$10　在错误的地方炫耀神，只为引来杀身之祸

毛毛虫效应：你是否为自己量身定造过"人生"

歪读

一名男子被判刑 12 年，在狱中颇为无聊。一天，他发现有一只蚂蚁竟然听得懂他的话，于是便开始训练它。几年之后，这只蚂蚁不但会倒立，还会翻筋斗，男子对于自己的杰作颇为得意。

男子终于熬到了出狱的一天。他出狱后，第一件事就是跑向酒吧，准备向人们炫耀他那只神奇的蚂蚁。他先向酒保点了一杯啤酒，然后把蚂蚁从口袋里掏出来放在桌上，向酒保说："看看这只蚂蚁……"

酒保过来后，立即一掌将蚂蚁拍死，然后很抱歉地对他说："对不起，我马上换一杯新的给你！"

正解

当啤酒中出现蚂蚁后，便杀之而后快，这是酒吧大多数服务生的第一

反应，笑话中的服务生也不例外。然而事实上，有时候，这种处理方式并不能让顾客满意。

⏱ 秒懂

法国科学家让·亨利·法布尔曾经做过一个著名的实验，称为"毛毛虫实验"。他把许多毛毛虫放在一个花盆的边缘上，使其首尾相接，围成一圈，在花盆周围不远的地方，撒一些毛毛虫喜欢吃的松叶。

毛毛虫开始一个跟着一个，绕着花盆的边缘一圈一圈地走，一小时过去了，一天过去了，又一天过去了，这些毛毛虫还是夜以继日地绕着花盆的边缘在转圈，一连走了七天七夜，它们最终因为饥饿和精疲力竭而相继死去。

法布尔在实验前并没有预想到这个结局，他本来以为毛毛虫很快会厌倦这种乏味的跟随活动，而转向不远处的食物，然而毛毛虫并没有这么做，由于它们固守原有的本能、习惯、先例和经验，于是悲惨地死在了食物旁。可以想象，如果当初有一个毛毛虫能够破除尾随的习惯而转向去觅食，就完全可以避免悲剧的发生。

后来，科学家把这种喜欢跟着前面的路线走的习惯称为"跟随者"的习惯，把因跟随而导致失败的现象称为"毛毛虫效应"。

"毛毛虫效应"对于我们对人生的选择和定向有很重要的意义。很多人在选择人生道路和践行生命意义时，也常常成为"毛毛虫效应"的牺牲品。他们选择的工作并不是自己最感兴趣、最能发挥自身优势的，而是按照前面成功者的轨迹，去重复同样的道路。例如，一个人很喜欢文学创作，也常因在这方面表现出来的出众才华而得到他人的肯定。但他认为从事金融业工作更有前途，于是放弃了自己的兴趣和爱好，每日与自己厌烦的分析数据打交道，结果在金融这个领域表现平平，只是一个平庸的金融分析员。

清朝扬州"八怪"之一的郑板桥自幼酷爱书法，他苦心临摹了很多古代著名书法家的字体，几乎能以假乱真，可是他的成就并没有得到他人的赏识，郑板桥为此感到很伤心。

一个夏天的晚上，郑板桥和妻子坐在外面乘凉。他用手指在自己的大腿上写起字来，写着写着，就写到他妻子身上去了。妻子生气地打了郑板桥一下："你有你的身体，我有我的身体，为什么不写自己的身体，写别人的身体？"

妻子的愠怒之语让郑板桥恍然大悟，他突然意识到：每个人都有自己的身体，写字也各有各的字体，为什么老是模仿别人的字体，而不写自己的字体呢？即使模仿得和别人一模一样，也不过是别人的字体，没有自己的风格，这又有什么意思？

从此，郑板桥取各家之长，融会贯通，以隶书与篆、草、行、楷相杂，用作画的方法写字，终于形成了雅俗共赏的"六分半书"，也就是人们常说的"乱石铺街体"，成了清代享有盛誉的著名书画家。

郑板桥反"毛毛虫效应"的成功轨迹，也许可以说明这么一个道理：每个人都是天地间独一无二的一个我，如果你想在自身优势的基础上获得成功，或许应该为自己量身定造一个"人生"，履行这种人生的过程便是实现自己独特存在价值的最好方式。

11　休假证恐怕永远也干不了

月曜效应：为什么会出现"假期综合症"

歪读

两个水兵在营外酗酒，不慎掉进河里。回营后，司令官把他们大骂一顿，并收回他们的休假证。司令官说等他们的证件干了之后，自然发还给他们。

他们等了整整一星期，才敢再到司令官的办公室。敲门之后，他们往里面一看，发觉司令官不在里面，但休假证却在他办公桌的一盘水里浸泡着。

正解

大多数人都对休假情有独钟，但是事实上，休假是把双刃剑。当休假结束后，他们又不得不面对"假期综合症"的困扰。

秒懂

很多人都曾经遭遇过"假期综合症"：当尽情尽兴地享受了一个周末后，本以为经过两天的休息能够以更好的状态投入到工作中。然而再次开始工作时，反而感觉萎靡不振、无精打采，身心都无法投入到工作中。在心理学中，这种现象被称为"月曜效应"——由于周末的休息扰乱了人们的正常生活起居和工作秩序，导致人们工作意志下降、注意力分散、精神不振，从而影响工作的效率。在古代，"月曜"是星期一的另一个称谓，所以"月曜效应"又叫"星期一效应"。除了周末能带来"月曜效应"外，它还体现在人们每天早晨开始工作时。当新的工作日来临时，人们总是需要花费不少的时间才能完全进入状态。

一般而言，经过一段时间的休息后，人们本应该以更饱满的状态投入工作，然而"月曜效应"却颠覆了这一逻辑。为什么会出现"月曜效应"呢？原因主要有以下几个方面。

（1）当休息日来临时，人们常会利用这段时间进行很多悠闲轻松的活动，如与朋友通宵达旦地聚会、进行短期旅游、彻夜玩电脑游戏等。当周一开始工作时，人们便需要从悠闲状态转换为紧张状态。然而人在重新开始工作或学习时，往往存在一个预热期或启动期，这便导致人们一时之间难以适应，无法实现状态的成功转换。

（2）根据"Yerkes-Dodson 法则"，唤醒与操作之间呈倒 U 形关系。也就是说，过高的唤醒水平与过低的唤醒水平都不利于人们开展工作。一般而言，每当星期一时，人们大多会接到较多的工作任务，这便要求人们具备较高的唤醒水平。然而事实上，人们主观上并没有达到这一标准，以致产生"月曜效应"。

（3）虽然名为"休息日"，但是人们并没有真正让自己休息下来，反而进行了很多耗费体力与精力的活动，导致周一的工作细胞受到了抑制，出现了精神不振的状态。

12 宣誓之后，无论真假都要坚持

自我选择效应：将选择进行到底

歪读

在法庭上，法官问证人："你知道宣誓之后应该怎么做吗？"

证人答道："我知道，一旦宣誓之后，不论我说的是真还是假，都应该坚持到底！"

正解

通常来说，人们都有一种将选择进行到底的倾向，法庭上的证人如此，结婚的人如此，职场上的人们也是如此……

秒懂

什么样的选择决定什么样的生活，今天的生活是由若干年前我们的选择决定的，而今天我们的抉择将决定我们几年后的生活——这就是"自我选择效应"。

一个人一旦选择了某一条人生道路，就会有在这条路上走下去的惯性，并且不断强化，如果要转向其他的道路，就要付出很高的成本。因此，当我们在选择自己的人生道路时，一定要谨慎，最好确定目前所选的道路正是自己心之所向、可以无怨无悔的方向。不过，由于阅历所限，我们也可能选择了错误的方向，此时，便需要审慎权衡自己的成本与收益，从而做出是否转行的选择。

前美联储主席格林斯潘是一个在金融界响当当的人物，然而很多人也许想不到，这位经济界的翘楚本来谋划在音乐界大展拳脚的。格林斯潘在自己 18 岁的那一年，申请就读纽约的茱丽亚音乐学院，并且顺利地被这所音乐界的至尊学堂录取。在茱丽亚音乐学院就读期间，格林斯潘除了努力学习和声和音乐史外，还参加了一支名为"亨利·杰罗姆乐队"的职业爵士乐团，并随乐队到全国各地巡回演出。与其他乐团相比，格林斯潘所参加的乐团并没有任何出众之处，结果不到一年的时间，乐团便因入不敷出、财力不支而关门解散。这种经历让格林斯潘意识到，与投身音乐领域相比，自己更有希望在金融业有所造诣。于是，他结束了短暂的音乐生涯，开始将金融定为自己的人生事业。若干年后，格林斯潘果然取得了成功，荣升为美联储主席。

格林斯潘可是说是一个成功的事业转型者，然而并非所有的人都能像格林斯潘一样，实现成功的跨越。这是因为，一个人长期从事一份工作后，便积累了这一行业的经验与人脉资本，一旦重新进入另一个行业，便意味着要从头开始，如果所转换的行业与原来的行业交集很少的话，原先所积累的职场优势就会荡然无存。

由此可见，转行的前途吉凶难测，有的人因此而事业风生水起，有的人则因此而遭遇事业滑铁卢，处于尴尬的境地。因此，转行一定要谨慎。或许应该说，选择要谨慎。在选择之前，你应该充分考虑好这几个问题：我的兴趣是什么？我的优势是什么？我的快乐之源是什么？我究竟想成为一个什么样的人？我更可能在哪一个领域做出比较大的成就？……

$\mathscr{P}$ 13 永远没有太晚的开始，
剩下的是我最年轻的岁月

摩西奶奶效应：有志不在年高

歪读

古罗马政治家大加图（公元前 234—公元前 149）一直被人们视为正直和廉洁的象征。在他 80 岁的时候，他开始积极钻研希腊语。周围的人对此大为不解，他们问道："你已经进入耄耋之年，怎么还学习这么难学的希腊语？"大加图回答道："这是我剩下的最年轻的岁月了。"

正解

人类的极限不在于现实中的不可能，而是你愿臣服于岁月，心安理得地告诉自己——"我已经不可能了"。

秒懂

美国艺术家摩西奶奶至暮年才发现自己有惊人的艺术天分，75 岁以后开始作画，80 岁举行首次女画家个人画展，轰动艺术界。美国学者称这种现象为"摩西奶奶效应"。

摩西奶奶（1860—1961）原名为为安娜·玛丽·罗伯逊·摩西，出生于纽约州格林尼治村的一个农场，27 岁嫁给了弗吉尼亚州斯汤顿的一个农民。后来她重返纽约州，在离出生地不远处生活了近 20 年。摩西奶奶一生共孕育了 10 个子女，在绘画之前，她的双手做的都是诸如此类的琐事：擦地板、挤牛奶、装蔬菜罐头、刺绣等。直到 76 岁时，摩西奶奶因为关节炎发作而告别了家庭琐事，开始试着画画，并在当地展示了自己的画作。有一天，陈列在杂货店橱窗中的作品引起了艺术收藏家 Louis J. Caldor 的兴趣，也正是他使摩西奶奶的作品引起画商 Otto Kallir 的注意，Kallir 将摩西介绍到了艺术界。80 岁的时候，摩西奶奶在纽约举办了个人画展，引起巨大轰动，从此以后，她的作品成为艺术市场的热卖点。

1961 年 12 月 13 日，摩西奶奶在纽约的胡西克瀑布逝世，终年 101 岁。虽然从未接受过正规的艺术训练，但对美的热爱使她爆发了惊人的创作力，在二十多年的绘画生涯中，共创作了 1600 幅作品。摩西最早的绘画是柯里夫和艾夫斯图片和明信片的临摹品。不久她根据对农场的早期生活回忆而创作，描绘了童年时期美丽的乡村景色。摩西的风景画能敏锐捕捉到季节、天气和时间的细微差别。她的作品并不仅仅是个人生活的记录和对过往的伤感怀旧，更体现了永恒之美。

"摩西奶奶效应"启示人们：一个人如果不去挖掘自己的潜在能力，它就会自行泯灭。你最愿意做的那件事，才是你真正的天赋所在。

关于摩西奶奶，还有这样一段逸事。一位叫做春水上行的日本人给摩西奶奶写了一封信，在信中倾吐了自己的犹豫：他很想从事写作，可是大学毕业后，自己一直在一家医院里工作，眼看马上就要 30 岁了，他不知该不该放弃那份令人厌倦却收入稳定的职业，以便从事自己喜欢的行业。摩西奶奶的回信是这样的："做你喜欢做的事，上帝会高兴地帮你打开成功之门，哪怕你现在已经 80 岁了。"

后来，这个踌躇的日本年轻人成了日本乃至全世界都大名鼎鼎的作家渡边淳一。

人际关系心理学篇

——如何应对各种各样的人际关系

$\mathcal{P}$ 01　先看看实际情况，再决定是否要入乡随俗

印象管理：如何提高你面试成功的概率

歪读

爱默生教授应邀到某裸体营发表演讲，车到营门前时，看见门上挂着一块牌子"请入乡随俗，以免尴尬"。

于是爱默生教授停下车来，脱得一丝不挂。然而等他进了营地，却发现列队夹道欢迎他的营员们为了表示对他的尊敬，每个人都穿得整整齐齐。

正解

人们常会试着迎合他人、讨好他人，以使对方对自己给予较高的评价，于是他们放弃本来的自己，只为了实施卓有成效的"印象管理"。

秒懂

"印象管理"是心理学家库利、戈夫曼等人提出的一个概念，是指人们试图管理和控制他人对自己所形成的印象的过程。通常，人们总是倾向

于以一种与当前的社会情境或人际背景相吻合的形象来展示自己，以确保个体能够获得所期望的评价。很多人在别人面前所做的事情，都是为了实现较好的印象管理。例如，在公共卫生间，如果有他人在场，人们多会便后洗手；女士与男士一起用餐时，也倾向于减少食量，比单独就餐吃得少一些。

如果你需要在社会上谋求一份工作来获取生存保障或者发展自己的事业，你尤其需要在面试时注重自身的印象管理，因为面试只是对你能力素质的匆匆一瞥，如果不能在这有限的短暂时间里为面试官留下较好的印象，你的求职愿望很可能会泡汤。

有多人在面试过程中倾向于讨好面试官，如夸赞面试官着装有品味、较有人格魅力等，但是心理学家在研究中发现，这些努力并不会更有助于你获得这个职位。心理学家指出，在使用印象管理技术的求职者中，关注自身优点的求职者得到的评价高于那些关注面试考官的求职者。举个例子，一个求职者应征销售经理的职位，如果他在面试时强调自己具备某些优势，如擅长与人打交道、与人交流时具有较强说服力，与他尝试恭维面试考官的努力相比，前者更有助于他获得这个职位。

有心理学家指出，存在权力差距的情况下，较为成功的印象管理方式是模糊策略。也就是说，应聘者可以在一定程度上表现得谦虚，甚至自嘲"非常一般"。成功使用这种模糊策略的关键是：在一些无足轻重的小事上表明自己的平庸，而在关键事件上自我赞美、自我抬高，通过利用谦虚和自嘲来增强自我抬高的可信度。例如，在应聘销售经理职位时，应聘者描述自己的某一次工作经历时，除了强调自己克服了重重困难、卓有成效地完成工作外，还可以以开玩笑的口吻称，自己之所以需要换一份薪水更高的工作，是因为超速行驶而被多次罚款。面试官意欲寻找的是一名优秀的销售经理，而不是司机，所以应聘者的这种面试策略等于是强化了与工作相关行为的效率："我想我是一个很糟糕的司机，但却是一个优秀的销售经理。"

P02　酗酒、不自重、与妓女鬼混，不是患关节炎的病因

包装效应：为成功而打扮

歪读

某天，一个闻起来像酒桶一样的醉汉上了一班公交车，坐在一个神父旁边。那个醉汉的衬衫很脏，脸上有女人的口红印，口袋里还放着空酒瓶。他拿出报纸读了一会儿，突然问神父："神父，得关节炎的原因是什么？"

"这位先生，它是因为浪费生命、和妓女鬼混、酗酒和不自重所引起的。"神父讽刺地说。

"噢，原来如此！"醉汉喃喃地说后，继续阅读报纸。

神父想了一下，又向醉汉道歉说："对不起，我刚刚不应该这么说，你患关节炎多久了？"

"不是我，神父。我只是看到报纸上写说教皇得了关节炎。"

正解

即使身为神父，他也无法抗拒以貌取人的心理，更何况俗世中的普通大众。

秒懂

在印象管理心理学中，人们把一个人因包装行为而发生给人印象大变的现象，称为"包装效应"。

畅销书作家约翰·莫雷致力于研究不同阶层、不同年龄的职业人士的着装表现和效果，他曾被《时代》周刊誉为"美国第一位职业形象工程师"。为了研究着装对人们的影响，他做了很多相关的实验。其中的一个实验是让一些人穿着所谓的"名牌"高档服饰，然后随着真正的客人一起进入高级宾馆，而让另外一些人穿着破旧的衣服进入同一座宾馆。结果发现，对于前者，有94%的人给他们让了路，给后者让路的人的比例只有82%，甚至有5%的人还骂了实验者。

约翰·莫雷的另外一个实验是分别让100名穿着高档服装的实验者和另外100名穿着普通衣服的实验者完成打字和复印的工作。结果，前者中约84%的人在10分钟内完成了任务，而后者中大多数人都花费了20分钟以上。这便说明，相对不错的着装不但能使他人对个体做出较高的评价，还可以使个体产生愉悦的心情，从而提高工作效率。

服装除了具有遮体御寒的基本功能外，在目前的商业交际社会中，还体现着一个人的社会地位、经济水平以及内涵和修养。即使你认为以貌取人只是一种肤浅的社会认知，但是毋庸置疑的事实是，在职场交际场合，你的着装可以传递出很多关于你自身的信息。因此，你不应该忽略自己的着装，而应当咨询一些专业的意见，选择那些符合自己的身份与地位的服装，或者说选择那些符合你想成为的某类人的着装风格。从某种意义上说，着装可以算是一项投资，一项为了实现成功而必不可少的投资。

P03　既还了钱，又看了债主夫人的玉体

定式效应：既定的心理活动先入为主地影响以后的心理判断

歪读

当珍妮刚刚洗完澡出来，丈夫杰克正要开始淋浴时，门铃响了。

在争吵了几秒关于谁去开门之后，珍妮放弃了，裹了条浴巾急忙去开门。

她打开门看见隔壁的邻居鲍勃。

在她还没开口之前，鲍勃就说："如果你把那条浴巾拿下来，我就给你 800 元！"

珍妮禁不住诱惑，就脱下浴巾赤裸地站在鲍勃面前，几秒钟后，鲍勃给了钱后就走了。

对于自己的好运，珍妮既困惑又兴奋，她兴冲冲地裹着浴巾上楼了。

当她回到楼上后，杰克问道："刚刚是谁呀？"

"隔壁的鲍勃啦！"珍妮回答。

"很好。"老公说："那他有没有把欠我的 800 元还给我？"

正解

可以想象的是，鲍勃从前对于珍妮一家的拜访与还钱无关，所以珍妮自然不会想到鲍勃是为还债而来。由于受到以往经验定式的影响，珍妮平白让鲍勃参观了自己的身体。

⏱ 秒懂

人们从前的心理活动会对以后的心理活动形成一种准备状态或心理倾向，从而影响到以后的心理活动，这种依赖既定想法的现象便是"定式效应"。

在对陌生人形成最初印象时，"定式效应"的作用非常明显。俄国社会心理学家包达列夫曾做过这样一个实验：他向两组大学生出示了同一个人的照片。在出示照片之前，他告诉第一组大学生，将出示的照片上的人是个十恶不赦的罪犯；而告诉另一组大学生，此人是位大科学家。随后，包达列夫让两组大学生用文字描述照片上的人的相貌。第一组大学生的描述为：深陷的双眼证明内心的仇恨，突出的下巴证明沿着犯罪的道路走到底的决心，等等；第二组的描述则是：深陷的双眼表明思想的深度，突出的下巴表明在知识道路上克服困难的意志力，等等。可见，事先的介绍已经起了先入为主的作用，以致影响了大学生对于人物相貌的判断，对同一张照片做出了截然不同的描述。

关于"定式效应"，人们一定有很多切身体会。例如在一个聚会上，你的朋友告诉你某个人是一名律师，另一个人是作家。即使他们都衣冠楚楚，显得彬彬有礼，但是在观察这两个人时，你总会从律师身上看到很多相关的职业特征，如思维严谨、富有逻辑、较有生活品味、偶尔会显现得比较冷漠等；而对于作家，你的判断多会是：感性、善于想象、具有较高的人文情怀等。

℗04　好心不一定会有好报

投射效应：以己度人的认知障碍

歪读

有一个老人给上帝写了封信——

亲爱的上帝：

我即将走到生命的尽头，医生说我得了绝症，只有几个月可活了。我这辈子除了倒霉，什么也没有得到。但我从来对您都是十分信奉的。看在我对您如此虔诚的份上，您能满足我一个小小的请求吗？为了证明您的存在，请寄给我 100 美元现金，那我死也会死得高兴的。

后来，信被送到了当地邮局，邮递员们发现，这封信的地址是"天堂"，收信人是"上帝"，他们都认识写信的这位老人，所以很想知道老人到底有什么苦衷，便擅自打开了信。他们含着眼泪读完这封信，十分同情老人，决定捐款给他。他们很快凑足了 90 美元并寄给了老人。老人收到钱后十分高兴，马上写了一封感谢信给"上帝"。

邮递员们收到回信后，聚在一起看。只见信里写着——

亲爱的上帝：

感谢您在百忙中抽出时间来满足我的请求，我现在已经非常高兴了。

附：我只收到了 100 美元中的 90 美元。我敢打赌，一定是邮局那帮坏蛋把另外 10 美元给私吞了……

正解

老人的行为是典型的"以小人之心度君子之腹"，按照心理学的解释，这便是一种"投射效应"。

秒懂

所谓"投射效应"是指以己度人，认为自己具有某种特性，他人也一定会有与自己相同的特性，把自己的感情、意志、特性投射到他人身上并强加于人的一种认知障碍。在人际认知过程中，人们常常假设他人与自己具有相同的特性、爱好或倾向等，常常认为别人理所当然地知道自己心中的想法。例如，一个心地善良的人会以为别人都是善良的；一个惯于算计他人的人就会觉得别人也在算计他，等等。

大文学家苏东坡也曾经被"投射效应"捉弄过。

苏东坡和佛印和尚是好朋友。一天，苏东坡去拜访佛印，与佛印相对而坐。苏东坡对佛印开玩笑说："我看你是一堆狗屎。"对于苏东坡的冒犯之语，佛印非但没有生气，还微笑着说："我看你是一尊金佛。"苏东坡觉得自己占了便宜，很是得意。回家以后，苏东坡得意地向妹妹提起这件事，苏小妹说："哥哥你错了。佛家说'佛心自现'，你看别人是什么，就表示你看自己是什么。"

在人际相处时，"投射效应"有如下三种表现：

（1）相同投射。在与陌生人交往时，因为互相不了解，"相同投射效应"很容易发生，通常在不知不觉中就已经从自我出发做出判断。自己感到热，以为别人也闷热难耐，以致客人来了就打开冷气空调；自己喜欢喝酒，招待客人就推杯换盏猛劝酒。这种投射作用发生的主要机制在于忽视了自己与对方的差异，在潜意识中没有把自己和对象区别开来，而是混为一谈，认为他人也和自己一样，从而合二为一，对对方进行了自己同化。

（2）愿望投射。这是指把自己的主观愿望加于对方的投射现象，认知主体以为对象正如自己所希望的那样。例如一个自我感觉良好的学生，希望并相信导师会对他的论文给予好评，结果就会把一般性的评语也理解为赞赏的评价。

　　（3）情感投射。一般来说，人们对于自己喜欢的人，越看越觉得有很多优点；对于自己不喜欢的人，则越看越讨厌，觉得他有很多缺点，令人难以容忍。所以人们总是过度地赞扬和吹捧自己喜爱的人，而严厉地指责甚至肆意诽谤自己所厌恶的人——这便是"爱之欲其生，恶之欲其死"的道理所在。

P05　只知道有个当市长的堂兄，不知道自己姓什么

社会背景效应：背靠大树好乘凉

🐼 歪读

市长的堂兄总是到处炫耀自己和市长的关系，对此，市长颇为苦恼。为了消除堂兄狐假虎威的心理，市长只好告诫当地的警察和官员："千万不要理会我的堂兄。"

一天，这位堂兄因为寻滋闹事而受到了警察局的传讯，他在警察局里气势汹汹地对警察嚷道："混账，你可知道我是谁吗？"

警察冷静地看着他，然后不慌不忙地拿起电话拨通市长办公室。"告诉市长，"他对市长秘书说，"他的堂兄现在在警察局，他已经无法想起自己叫什么名字了。"

✅ 正解

正所谓"背靠大树好乘凉"，较好的社会背景是一个非常有利的社交资源，社会背景较好的人常能受到其他人的优待，更容易获得社会中的某些优势资源。

⏱ 秒懂

所谓"社会背景效应"，就是指一个人因为自己的社会背景所产生的力量而影响管理行为和评价行为的现象。例如，在企业内，如果一名员工

是某名公司高层的亲戚，常会导致该员工的部门主管给予其特殊的优待，将最好的办公室资源分配给这名"皇亲国戚"，在工作方面也会让他"干得少、拿得多"。有的骗子在行骗时，也常常会虚构出一个强大的社会背景，比如说自己是某个大人物的亲戚、与某个名人交情不浅、隶属于某个权势较强的机构等。凭借这种说辞，骗子更容易行骗成功——被骗之人并不一定完全相信骗子的说辞，但是由于社会背景具备某种神秘感和戒备感，被骗之人认为如果对方真的具备其所说的社会背景，自己对他的拒绝将会为自己带来麻烦，所以便抱着"宁可被骗也绝不得罪他"的心理，听信了骗子的谎言。

情景剧《武林外传》有这样一句台词："我上面有人。"这便反映了社会背景对人的"保护"作用——当一个人具备较强大的社会背景时，便更容易从一个组织或他人那里获取更多的非正当利益。即使此人做了什么错事，他人也会产生"不看僧面看佛面"的心理，不对其进行惩罚，而对其网开一面。

P06   双胞胎酒鬼，醉酒后攀起了亲

名片效应：相似的态度和价值观有助于建立优质的人际关系

歪读

两个爱尔兰人坐在一个酒吧间里喝酒。其中一人问另外一个："你是哪儿的人？"另一个回答："我目前住在都柏林，不过我生在科克郡。"

"不是开玩笑吧？我生在科克郡，现在也住在都柏林……咱们再来一杯吧！你生在科克郡什么地方？"

另外一个答道："我出生在我妈的房子里，门前有一条小河从萨克村南边流过。"

"上帝保佑，"第一个人叫道："你能相信吗？我也出生在我妈的房子里，那儿也离萨克村不远。为了咱们的缘分，来，我们再干一杯。那么你是在哪个学校上学呢？"

"我是在镇上的圣母受难学校上学。"另一个答道。

这时第一个人已经兴奋得不能自已，他大声叫了起来："天哪，太不可思议了！我也是在那家学校上学，这个世界真是太小了！老板，再给我们每个人来上一杯。"

这时，酒吧里的电话铃响了，侍应生接起了电话："奥克兰酒店吧……噢，今天晚上没有什么新鲜事，就是奥哈拉家的那对双胞胎又喝多了。"

正解

可以看得出，两个酒醉的爱尔兰人获知彼此有着很多的交集后，他们

会迅速地与对方亲密起来——相似性有助于带来人际关系的良性发展。

⏱ **秒懂**

在人际交往中，如果首先表明自己与对方的态度和价值观相同，就会使对方感觉到你与他有很多的相似性，从而很快地缩小对方与你的心理距离，使其愿意与你接近，结成良好的人际关系，这便是"名片效应"。相似的态度和价值观就犹如一张心理名片，将自己以实现良性互动的目的介绍给了对方。

如果希望在人际交往中产生"名片效应"，便要首先向对方传播一些他们可能感兴趣和喜欢的观点和思想，然后再不经意地将自己的观点渗透其中，这样便会让对方产生一种印象，认为你的思想观点与他们的极为类似，从而拉近彼此的关系，增加对方对你的认同感。

有这样一个关于里根总统的笑话。一次，里根面对一群有着意大利血统的美国人，他说道："每当我想到意大利人的家庭时，我总是想起温暖的厨房，以及更为温暖的爱。有一家意大利人刚开始住在狭小的公寓房间里，后来他们迁到了乡下的一座大房子里。一位朋友问这家 12 岁的儿子托尼：'喜欢你们的新居吗？'孩子回答说：'喜欢。我有了自己的房间。我的兄弟也有了他自己的房间。我的姐妹们都有了自己的房间。只是可怜的妈妈，她还是和爸爸住在一个房间里。'"毋庸置疑，里根在讲话中传达出自己对于意大利人的正面印象，这种说辞自然能赢得有着意大利血统美国人对里根的认可，拉近里根和选民的心理距离。从心理学角度来看，里根正是恰当运用了"名片效应"对人际互动的积极影响。

一般而言，人们总是更喜欢那些与自己价值观和情感倾向类似的人，因为这有助于他们提高自我认同度，减少自己和外界的冲突。由此也可以理解人们为什么总是对偶遇知音的经历那么欢欣雀跃了。

*P*07 如果你的剧本能公演两场，一定来观看第二场

态度效应：像自己希望的那样对待周围的人

🐼 歪读

萧伯纳为庆贺自己一个新剧本的演出，特意给丘吉尔发了一则电报："今特为阁下预留戏票数张，敬请光临指教，并欢迎你带友人来，如果你还有朋友的话。"丘吉尔立即复电："鄙人因故不能参加首场公演，拟参加第二场公演，如果你的剧本能公演两场的话。"

✅ 正解

萧伯纳对丘吉尔进行了人身攻击，这等于是对丘吉尔的宣战，丘吉尔自然迎战而来，对萧伯纳进行了另外一番人身攻击。

⏱ 秒懂

心理学和动物学专家曾经做过一个有趣的实验：他们特别设置了两间墙壁镶嵌着很多镜子的空房间，然后分别放进两只猩猩。其中的一只性情温顺，它进入房间后，看到镜子里面的很多"同伴"都对自己报以友善的态度，于是很快地就在这个"群体"中打成一片，彼此和睦地相处，这只温顺的猩猩在房间里自得其乐。三天后，当这只猩猩被实验人员带出房间时，它对"同伴"表现出了依依不舍的感情。另一只猩猩性格暴躁，它进入房间后，看到的都是凶恶的"同伴"，这只猩猩以其人之道还治其人之身，对着这

些凶恶的"同伴"又叫又喊，进行无休止的追逐和厮杀。三天后，暴躁的猩猩被实验人员拖出了房间，此时它已经因气急败坏、心力交瘁而死亡。

实验揭示的道理很简单：人际交往也遵循作用力与反作用力的原则，你用什么样的态度对待他人，便决定了他人用什么样的态度来对待你。如果你感觉自己身陷糟糕的人际关系，不妨想想是否因为自己以不友善的态度对待他人。

美国著名心理学家埃利斯是合理情绪疗法的创始人，关于如何拥有积极的情绪，他提出了一条"黄金规则"，指出要 "像你希望别人如何对待你那样去对待别人"。也就是说，你希望别人怎样对待你，你就怎样对待别人。而在现实生活中，许多人并不知道或者不会运用"黄金规则"，许多人抱住这样的观念不放："我对别人怎样，别人就必须对我怎样"——这恰恰是所谓的"反黄金规则"。

$\mathcal{P}$08　要不你换块手表，要不我换个秘书

保留面子效应：留了面子，赢了人心

歪读

乔治·华盛顿是美国的第一任总统，他有一位年轻的秘书。一天早晨，这位秘书迟到了，当他来到办公室后，发现华盛顿正在等着她。秘书感到很内疚，便谎称她的表出了问题，所以迟到了。华盛顿平静地回答："恐怕你得换一块表了，否则我就要换一位秘书了。"

正解

秘书的谎言不攻自破，但是华盛顿并没有直接拆穿秘书的谎言，而是采取了婉转的批评法，从而为秘书保留了面子。按照惯常的逻辑来看，秘书以后迟到的概率应该会大为降低。

秒懂

当一个人犯了错误而不希望当众被批评责难时，当一个人不希望自己的隐私被公布于众时，上司与朋友为了保留他的面子而不予批评、不予曝光，那么，他会更加全心全意地完成上级布置的工作，对朋友产生一个更加正面的印象，这种现象便是"保留面子效应"，是指由于保全他人的面子而产生的心理积极变化的现象。

一般而言，人都有面子情结，中国人尤其如此，希望维护自己在他人面前的良好印象，当置身于一些重要场合或者自己在乎的人物在场时，更

加注重自己的面子。一旦自己失去了面子，在一些场合下不来台，便会产生一些负面的情绪反应，如紧张、尴尬、恐慌、害羞、焦虑等。而如果有人维护了自己的面子，避免了自己形象在群体之中受损的尴尬，便会对这个人产生感激心理，并做出积极的行为表示。

例如，一名下属犯错后，上级没有当众给予批评，而是以友好暗示的方法告诉下属如何去改进。此时，下属便会对上级报以感激之情，而且要求自我印象管理系统对自我的形象进行一些调整，从而尽可能地达到上级的要求。

然而，很多人在人际交往中都有"看人笑话"的心理，通过观看他人的尴尬而获取快乐，这也解释了八卦杂志为什么总是那么畅销。不过，替他人保留面子并不只是付出，从某种意义上说，这是一种回报大于投资的人际互动过程。因为"保留面子效应"遵从互惠机制，对于那些为自己保留面子的"恩人"，人们总是倾向于感恩图报。

P09　俄国人的快乐是，警察要抓的人住隔壁

改宗效应：先反对后同意的积极效用

歪读

德国人、法国人和俄国人聚在一起谈论什么是"快乐"。

德国人说："快乐就是你在辛苦地工作完一天后，躺在自己舒服的沙发上，喝着啤酒，看着精彩的球赛……"

法国人说："快乐是你在星期六的夜晚，与心仪已久的金发美女共度浪漫良宵……"这时，俄国人说了："真正的快乐，是在深夜里，你突然听到急促的敲门声。打开门一看，是一群秘密警察，他们拿着枪指着你说'格拉吉夫！你被捕了！'而你告诉他们'格拉吉夫住在隔壁！'"

正解

当开门看见不请自来的警察时，着实会惊恐一下。但是当获知警察并非逮捕自己时，心理状态自然会由"惊恐"转变为如释重负的"庆幸"。相对于单纯的给予，先剥夺再给予的过程会制造出更多的欢乐。在人际交往中，先反对后同意的进程也会增强个体的人际受欢迎度。

秒懂

美国社会心理学家哈罗德·西格尔有一个出色的研究，题目是"改宗的心理学效应"。研究表明，当一个问题对某人来说十分重要时，如果针对这个问题，他能使一个最初的"反对者"改变意见而和自己的观点一致，

相对一个最初的"同意者"，那名改宗的"反对者"更容易获得此人的认可。

在经营人际关系时，为了赢得他人的好感，很多人习惯做"好好先生"，对于对方的态度和观点一味称好，即使自己内心并不真正地赞成，也会做出完全认同的样子。然而改宗效应说明，这种"好好先生"式的人际相处方式并不一定能使其获得他人的认可，人们更欣赏以反对之声开场的相同意见。因为如果一个人能够让他人实现从"反对"到"同意"的态度转变，便可以显现出此人对他人的影响力，凸显出此人观点的力量。一般而言，人们总是很享受拥有这种影响力的快乐。

虽然人们在选择朋友时总是乐于寻找与自己相似的人，但是也会欢迎一些友好的、值得借鉴的不同意见，以此作为自己态度和行为的参考。一个"反对者"改宗为"同意者"后，便具备了上述两种特质：既能提供不同的意见，也会成为步伐一致的同盟者——这种人往往会是人们选择朋友时的上上之选。

所以，为了获得质量更高的人际关系，可以使用如下策略：即使你百分之百地赞成某个人的意见，也不妨适当地夹杂些反对之声，然后再笔锋一转，赞成对方观点中的合理部分。

P10 对 Good morning sir 这一问候，最好的回应是：我叫陈阿土

变色龙效应：模仿他人的身体语言，你会更受欢迎

🐼 歪读

陈阿土是某地的农民，从来没有出过远门。攒了半辈子的钱后，他终于参加一个旅游团出了趟国。国外的一切自然都是非常新鲜的，关键是，陈阿土参加的是豪华团，一个人住一个标准间。这让他新奇不已。

早晨，服务生来敲门送早餐时大声说道："Good morning！"陈阿土愣住了，他不知道这是什么意思。他猜想大概服务员在问自己的名字，于是大声叫道："我叫陈阿土！"如此这般，连着三天，都是那个服务生来敲门，每天都大声说："Good morning！"而陈阿土也大声回答："我叫陈阿土！"

对于服务生的行为，陈阿土有点生气，因为服务生总是记不住他的名字，每天都要问一遍自己叫什么。这天，陈阿土忍不住问导游："Good moring 是什么意思？"导游告诉他，这是一句问候语，意思是"早上好"。陈阿土感到很丢脸，原来自己误解了服务生的意思。

又一天的早晨，服务生照常来敲门，门一开，陈阿土就大声问候道："Good moring sir！"然而让陈阿土大跌眼镜的是，服务生大声回答道："我叫陈阿土！"

✅ 正解

不论陈阿土和服务生模仿对方的问候语是出于什么动机，但可以推测

的出，陈阿土和服务生对彼此的好感度都会增加。

⏱ 秒懂

"变色龙效应"是指人们经常无意识地模仿他人的姿势、怪癖和面部表情的心理学现象。通过实验，心理学家巴奇和查特朗识别了"变色龙效应"表现出来的部分肢体语言，他们进而得出结论：如果一个人模仿了他人的手势或者身体姿势，人们往往会更喜欢这个人。

巴奇和查特朗做了这样一个实验，他们让 78 名被试者坐下来分别与一名实验者进行交谈。在交谈时，实验者故意改变交谈中的习惯动作，如露出更多的笑容、与被试者进行频繁的面部接触、脚部不停地摆动等。

结果发现，被试者确实会不经意地模仿实验者的习惯动作。心理学家发现，在所有的被试者中，面部接触的比例上升了 20%，被试脚部摆动的比例上升了 50%。

继而，巴奇和查特朗便想验证"模仿是否能增进好感"这一观点。于是，他们又做了第二个实验，78 名被试者被安排在一个房间与另一名实验者（以陌生人的身份出现）就一张照片分别进行交谈。在交谈的过程中，实验者会主动模仿一部分被试者的肢体语言。当交谈结束后，心理学家让被试者对实验者的好感度和交流的顺利程度做出评价。

结果显示，针对好感度和交流顺利程度两个方面，被模仿者给实验者打出了 6.62 和 6.76 的平均分数，而未被模仿者提供的平均分数只有 5.91 和 6.02。实验说明，人们的确更喜欢那些模仿自己身体语言的人。

"变色龙效应"属于一种社交互动中的温暖回应。实验表明，大多数人确实会在交谈中不自觉地模仿对方的身体语言，而且还会从这种模仿行为中无端受益，因为人们倾向于喜欢那些模仿自己的人。

𝒫 11 再怎么便宜，也是朋友送的结婚礼物

瀑布心理效应：说者无意，听者有心

歪读

汤姆夫妇刚结婚不久。一天，他们的朋友海伦到他们家来做客。在吃晚餐时，海伦不小心弄断了一根叉子，汤姆安慰海伦说："海伦，不要太在意，那套餐具只是便宜货。"

这时，妻子却大声说道："谁说的，那是海伦送给我们的结婚礼物啊！"

正解

汤姆本来是为了安慰海伦，但是当妻子发言后，可以预见的是，海伦的情绪非但很难平复，反而会变得更加恶劣。

秒懂

信息发出者的心理比较平静，但信息被接受后却引起了不平静的心理，从而导致态度行为发生了巨大的变化，这种现象在心理学中被称为"瀑布心理效应"。正如飞流直下的瀑布一样，上面相对比较平静，下面却浪花飞溅。

"瀑布心理效应"与古话"说者无心，听者有意"的道理相似，一个人只是无心地说了一句话，但是却使他人产生了不愉快的情绪反应，轻则引起对方的反感，重则给自己引来灾祸。

《史记》里记载了这样一个故事：

平原君赵胜的邻居是个瘸子。一天，这名邻居一瘸一拐地到井台上打水，

平原君的小妾正好看到了这一幕，她忍不住对邻居的身体缺陷讥笑了一番。这位邻居非常生气，于是便找到平原君告状，要求平原君杀了这名小妾。平原君十分犹豫，觉得小妾虽然言语失当，但罪不当死。这名邻居便劝说道："大家都认为平原君尊重士子而鄙贱女色，所以士子们都不远千里来投奔您。我不过是有些残疾，就无端遭到您的小妾的讽刺、讥笑。所谓士可杀而不可辱，请您为我做主。否则旁人会认为您爱色而贱士，从而离开您。"最后，平原君被邻居说服了，毅然决然地杀了这名小妾，并亲自登门向邻居道歉。

　　小妾在取笑邻居时，肯定不会想到这一举动会为自己带来杀身之祸，这便是"瀑布心理效应"阐述的道理——你为某个行为付出的代价与你的动机无关，而与行为所带来的影响密切相关。这便警示我们在与人相处时，要懂得一些禁忌，把握好说话的分寸。例如，不以他人的隐私为谈资，不主动问及他人的伤心事，拒绝使用带有人身攻击的幽默，避免谈论涉及宗教信仰的话题，尽量不要评价他人，等等。

℘12　我追赶你，只是为了让你来追赶我

跷跷板互惠原则：投之以桃，报之以李

🐼 歪读

一天深夜，一位年轻女子经过一家精神病院时，突然后面传来"哇"的一声。女子扭头一看，一个一丝不挂的男子正在向她追来。女子吓得拔腿就跑，后面的男人紧追不舍。谁知前面是一条死胡同，女子万念俱灰，跪在地上哭着哀求道："你愿意干什么就干什么吧，只求你不要杀我。"男子狡黠地笑了笑说："真的？那现在你开始追我。"

✅ 正解

由于男子追赶过女子，便要求女子回头追赶自己，这一荒谬的行为恰好体现了人际互动中的"跷跷板互惠原则"。

⏱ 秒懂

丹尼斯·雷根教授曾经做过这样一个实验。在这个实验中，有两个人被邀参加一次所谓的"艺术欣赏"，也就是两人一起给一些画作评分，其中一人叫做乔，他其实是雷根教授的助手。实验分为两种情况。在第一种情况下，乔主动送给那个真正的实验对象一个小小的人情：在评分中间短暂的休息时间里，他出去几分钟，回来时带回了两瓶饮料，一瓶给实验对象，一瓶给自己，并告诉实验对象："我问他（主持实验的人）是否可以买一瓶饮料，他说可以，所以我给你也带了一瓶。"在第二种情况下，乔没有

给实验对象任何小恩小惠，中间休息后只是两手空空地从外面进来。但在所有其他方面，乔的表现都一模一样。

当评分完毕后，主持实验的人暂时离开房间时，乔要实验对象帮他一个忙。乔说自己在为一种新车卖彩票。如果他卖掉彩票的数目最多，他就会得到50元钱的奖金。乔希望实验对象以25分钱一张的价格买一些彩票："买一张算一张，但当然是越多越好了。"结果那些得过他的好处的实验对象购买的彩票的数量是第二种情况下的两倍。平均下来，在这种实验条件下，乔做了一笔很合算的生意：他的投资回报率达到了500%。

上述实验结束后，雷根让实验者填写关于是否喜欢乔的问卷。结果发现，在未接受乔的饮料的情况下，实验对象购买彩票的数量与对乔的喜欢程度成正比。但在接受了乔的饮料的情况下，这种正相关关系完全消失了。也就是说，不管他们喜不喜欢乔，他们都觉得有责任来报答他，因此都买了较多的彩票。

由此可见，当人们接受了某人的好处后，很容易答应对方一个在没有负债心理时一定会拒绝的请求，以此来实现利益的互惠交换。人与人之间的利益互动，就如同坐跷跷板一样，有时处于低势，有时处于高势，通过高势与低势的转换，个体并不会损害自己原来的利益，反而在转化的过程中，既实现了利益所得的丰富化，也体会到了赠送与回馈之爱。

投之以桃，报之以李。如果不懂得人际互惠原则，从不将自己拥有的物品与他人分享，那么拥有桃子的一方也很难品尝到李子的味道。

*P*13　半夜按门铃，到底谁是疯子？

海格力斯效应：冤冤相报致使仇恨越来越深

歪读

甲："新搬来的邻居好可恶，昨天晚上三更半夜、夜深人静时竟然跑来猛按我家的门铃。"

乙："的确可恶！你有没有马上报警？"

甲："没有。我当他们是疯子，继续吹我的小喇叭。"

正解

关于这个笑话的下回分解，我们很容易想象出来：甲持续吹着他的喇叭，邻居忍无可忍，再次猛按甲住处的门铃，就像武侠剧冤冤相报的剧情一样，双方步步紧逼，致使原来的小冲突演变为大仇恨。

秒懂

海格力斯是希腊神话故事中的一名大力士。一天，他走在坎坷不平的路上，看见一个像鼓起的袋子样的东西，十分难看，海格力斯便踩了那东西一脚。谁知那东西不但没被海格力斯一脚踩破，反而膨胀起来，成倍成倍地增大。海格力斯被激怒了，他顺手操起一根碗口粗的木棒，向那个膨胀的袋子狠狠地砸去。可是，后果更加严重了，那个东西竟然膨胀到把路也堵死了。正当海格力斯无计可施时，一位圣者出现了。他对海格力斯说："朋友，快别动它了，忘了它，离它远去吧。它叫仇恨袋，你不惹它，它便会像当初那么小；你若侵犯它，它就会膨胀起来与你敌对到底。""海格力斯效应"便由此得名，是指一种人际间或群体间存在的冤冤相报、致使仇恨越来越深的社会心理效应。"以眼还眼，以牙还牙。""以其人之道还治其人之身。""你跟我过不去，我也让你不痛快。"——这些常见的人际交往状态都是"海格力斯效应"的现实反映。

在人际相处中，几乎每个人的利益都会遭到或有意或无意的侵犯。例如，在乘坐公车和地铁时，有人不小心踩了你的脚或狠狠地撞了你一下；在公司里，一位同事为了和你竞争某个职位，不惜对你恶意中伤；你的亲密爱人被第三者夺去，昔日的情意绵绵转眼成了过眼云烟……对于这些被侵犯的事件，不少人会选择报复的手段，如对于公车上的那个莽撞者恶语相向、做一些让那个居心不良的同事利益受损的事情、对第三者实施武力攻击的行为等。

然而，当你报复时，曾经的快乐、悲伤并不会烟消云散，所遭受的利益损失也不会失而复得。在报复事件中，你得到的只是更多的仇恨、更多的愤懑，以及对方的恶意还击。在这个过程中，报复者被卷进了受伤害的恶性循环，所遭受的创伤不断地重复着、扩大着。

关于仇恨，如果你不想成为它的囚徒，最好的解决方法就是，在仇恨将要拉开序幕的那一刹那，将它置之脑后，告诉自己"忍一时风平浪静，退一步海阔天空"。

社会心理学篇

——为什么说人是群体动物

P 01　亚当和夏娃到底是哪国人？

构造社会现实：人们难以客观地反映社会现实

歪读

美术馆里有一幅以亚当和夏娃为主题的画。

一个英国人看了，说："他们一定是英国人，男士把好吃的东西分享给女士。"

一个法国人看了，说："他们一定是法国人，多么浪漫啊，情侣裸体散步。"

正解

对于同一幅画作，由于参观者的国籍不同，在既有的思维意识和文化传统的左右下，他们为画作提供了不同的解释。

秒懂

在法庭上，常会出现这样的情况：针对同一件事情，被告和原告在描述时，使用了两种截然不同的措辞。在被告的描述中，被告是出于正当防卫才会对原告造成人身伤害；而原告在重现事实的时候，则把被告描述为鲁莽的、不怀好意的攻击者。虽然被告和原告经历的是同一事件，但对事件的解释却大相径庭。这便是心理学中所说的"构造社会现实"——每个人总是带着自己的知识和经验来解释情境，从自我认知和情绪的角度来表征事件，从而构造出不同的社会现实。

有这样一个经典的社会心理学的例子："常青藤联盟杯"两支球队——

普林斯顿大学球队和达特茅斯大学球队——之间进行了一场橄榄球比赛，结果普林斯顿队赢了。整个比赛过程非常粗野，犯规处罚也非常多，两队球员受伤都很严重。然而，比赛之后，两所学校的新闻报道对于比赛的描述却截然不同。

社会心理学家对这一现象非常感兴趣，他们同时调查两所大学的学生，给他们看比赛录像带，并记录他们就各队犯规次数所做的判断。结果，普林斯顿的大学生在观看比赛录像时，"看到"达特茅斯球队队员犯规次数是自己球队的两倍之多；而对于同样的录像，达特茅斯的大学生却"看到"双方犯规次数一样多。

虽然观看的是同一场活动，但是对于不同的学生来说，由于他们的学校背景不同，他们"看到"了不同的比赛。

由此可以理解，不论一家媒体标榜其多么客观公正，但是他们在报道新闻事件的时候，总会带着一定的倾向性，虽然没有直接表明自己的爱与憎，但是字里行间却流露出他们的立场与好恶。

这也启示我们，不要过于听信他人的一面之词。在对一件事情做出判断前，如果多参考一下更多人对于事实的复述，你所获得的认知会更接近事实的真相。

℗02　还富商三十元，让他滚回地狱去

亲社会行为：乐于助人是人类的天性

🐼 歪读

有一个狡猾的富商死了，他的灵魂想要上天堂。

上帝就问他："你为什么认为你有资格进天堂？你曾经做过什么好事吗？"

富商很理所当然地回答说："我曾经掉了十块钱，滚落在乞丐的帽子里，我并没有向他讨回，这也算是一项善举吧！"

上帝又问："只有这一件吗？"

富商赶紧回答说："不！还有一次我看到了一个老太婆快饿昏了，我就给了她二十块钱！"

上帝回头问问天使："这两件事是否在记录中？"

天使回答说有，富商点点头，满脸期待地望着上帝说："现在，我可以进天堂了吧！"

上帝摇摇头，对天使说："我们还他三十元，让他滚回地狱去吧！"

✅ 正解

不论富翁当初的动机如何，他把钱送给了乞丐和老太婆的举动，都属于一种亲社会行为，只是这种亲社会行为有着太多利己的痕迹，更像是一种投资举动。

⏱ **秒懂**

亲社会行为又叫积极的社会行为，它是指人们表现出来的一些有益的行为。人们在共同的社会生活中经常会表现出类似这样的行为，如帮助、分享、合作、安慰、捐赠、同情、关心、谦让、互助等，心理学家把这一类行为称为亲社会行为。亲社会行为是人与人之间在交往过程中维护良好关系的重要基础，对个体一生的发展意义重大。

关于亲社会行为的动机，心理学家给出了如下四个方面的解释：

（1）利他主义：纯粹为了使他人获益，个体在做这种亲社会行为的时候并没有考虑到个人的安全和利益。

（2）利己中心：以自我利益为中心。某些人之所以帮助他人，是为了得到回报和报酬。

（3）集体主义：为了有利于某一特定群体。例如，人们可能会做一些帮助性行为来改善家庭、妇女联合会、政党等的处境。

（4）规则主义：有些人做亲社会行为是因为遵循宗教或习俗的原则。

美国心理学家 E. 威尔逊认为，亲社会行为倾向源于动物的遗传本能，亲社会行为在动物身上有很多体现。在蜜蜂世界里，工蜂会用叮的方式攻击入侵者，当它叮了入侵者以后，螫针就留在入侵者身上，而叮入侵者的工蜂就死掉了。虽然工蜂死了，但它的牺牲却增加了蜂群生存的机会。威尔逊同样认为，亲社会行为也是"人类本性"天生的部分，在我们的生存中起着重要作用，而且是无须学习的。

从行为主义的观点来看，亲社会行为不仅使我们能够获得来自社会的、他人的和自我的奖励，而且能够避免来自社会的、他人的和自我的惩罚。这会促使人们形成积极的社会价值观，有利于自身的身心健康，并有助于人们从友谊中获取很多的快乐。

亲社会行为会导致人与人之间出现互帮互助的现象，这对于维护与促进整个人类世界的稳定与繁荣是非常有意义的。例如，当一个地方遭遇自然灾害后，世界上很多国家的志愿者都奔赴那里，去帮助那些身处困境的人，哪怕志愿者的利益会遭受现实的或潜在的危害。

P03　只有灭绝猴子，才能消除地球被改变的隐患

"挫折—攻击假设"：为什么平时和善的失业者会枪杀公司的高管

歪读

上帝对地球的现状很不满意，便让时光倒流一千万年，地球上又出现了原始的森林、草地、兽类、昆虫……上帝将要离去时，对所有的动物说："我把这个世界交给你们了，你们还有什么要求吗？"动物们立刻一起朝上帝跪下，齐声叫道："上帝呀！请您把猴子们灭绝吧！"

正解

人们之所以会出现攻击行为，有时候是为了维护自己的利益，就像笑话中的动物们一样，它们攻击猴子，是希望自己能获得更多更好的生存机会。但某些时候，人们采取攻击他人的行为，是因为他们曾经或者刚刚遭受了挫折。

秒懂

在交通拥堵的马路上，你常会听到脾气火暴的司机口出恶语，看到那些被困在公交车上的上班族与他人产生口角之争。在这种情境里，由于遭遇了"困在马路中"的挫折，很多人都表现出一定的暴力倾向，容易做出攻击他人的举动。人们在遭遇挫折后，攻击他人的意向会明显增强，这便是"挫折—攻击假设"的核心内容。例如，当儿童要求家长为自己购买新

玩具的愿望落空后，他们便常常会拿家中的宠物和旧玩具出气，表现出攻击他人的动机和行为。

1939 年，美国耶鲁大学心理学家 J. 多拉德和 N. 米勒等五人在《挫折与攻击》一书中首先提出了"挫折—攻击假设"的概念。他们认为挫折与攻击行为之间具有一种内在的因果关系：挫折导致某种形式的攻击行为；攻击行为的产生总是以某种形式的挫折存在为先决条件。该假说将挫折定义为"目标反应的受阻"。至于挫折在多大程度上会引起攻击行为，则取决于以下四个因素：

（1）反应受阻引起的驱力水平；

（2）挫折的程度；

（3）挫折的累积效应；

（4）采取攻击反应而可能受到的惩罚程度。

2008 年年末，金融危机席卷全球时，一名在美国加州硅谷工作的华裔工程师吴京华在被裁员数小时后，返回了公司，开枪打死三名公司负责人。然而当警方向吴京华的邻居调查其行为人格时，邻居对吴京华的评价是：和善而沉默寡言的人。由此可见，在这起枪杀事件中，吴京华所遭遇的事业挫折是其枪杀行为的主要诱因。这也说明，在人们的攻击行为中，挫折常常扮演了极为重要的"唆使角色"。

P04　假如司号兵手上有枪，
他也会向国王开枪的

武器效应：枪支纵容了暴力行为

歪读

一次有个国王在检阅部队时向士兵提出这样一个问题，"假如我亲自命令你们向我开枪，你们服不服从我的命令？"

所有的士兵都回答："服从，因为军人以服从为天职。既然是命令，就要绝对服从。"但只有一个士兵说："我不开枪。"

国王听了大为高兴，并夸奖了这个士兵："好啊！我的孩子，至少我看到有一个士兵把国王的生命看得高于军人的天职。"

后来国王问这个士兵为什么不开枪打他。"因为我没有枪，我是一个司号兵。"

正解

司号兵自称不会向国王开枪，最关键的原因是因为他手里没有枪——暴力事件的发生与人们是否拥有武器密切相关——这正是心理学家伯克威茨的观点。

秒懂

1978 年，美国著名社会心理学家伯克威茨提出了关于侵犯的"武器效应"理论，这一理论为人们认识攻击行为提供了新的视点。伯克威茨认为，人所遭遇的挫折并不直接导致侵犯，如考试失败，并不一定会导致侵犯他人。挫折在产生侵犯行为时，还需要具备一个因素，那就是人们处于愤怒的情绪准备状态。侵犯行为的发生，还要依赖情境侵犯线索的影响，与侵犯有关的刺激倾向于使侵犯行为得到增强。

为了检验这一理论的合理性，心理学家们精心设计了一个实验。伯克威茨先让实验助手故意制造挫折情境，激怒实验参加者，然后实验安排一个机会，让他们可以对激怒自己的实验者实施电击。电击时有两种情境：一种是可以看到桌子上放着一只左轮手枪，一种是只看到一只羽毛球拍。实验结果与研究者的假设相符，即被激怒的人们看到手枪时，比看到羽毛球拍实施了更多的电击。这表明，手枪增强了人们侵犯的行为，武器的存在导致了暴力事件的高发生率。后来，人们将武器增强侵犯行为的现象称为"武器效应"。

通过这个实验我们可以得知，社会暴力事件与环境中存在着刺激暴力事件的"武器"有很大的关联——武器为正处于愤怒情绪中的人提供了更多的行为暗示，对其实施破坏性行为起到了推波助澜的作用。正如伯克威茨所说的："枪支不仅使暴力成为可能，也刺激了暴力。手指扣动扳机，扳机也带动了手指。"

P05 达芙妮小姐，跟你对话的是已经阵亡的士兵

监狱角色模拟实验：卧底警察为什么会遭受心理困扰

歪读

达芙妮小姐每天都要从乡下的别墅到城里去。这天，她在路上看到许多士兵和坦克、大炮、汽车。她不知道军队在演习。

她开车来到一座桥头，一个军官规规矩矩地向她敬了个礼："小姐，你不能从这里经过。"

"为什么？"达芙妮小姐看着那座完好无损的桥问道。

"因为它在两小时前就已经被炸毁了。"

"那么我什么时候可以过去？"

"很抱歉，小姐！"军官严肃地回答，"我无法告诉你，因为我在三个小时前就阵亡了。"

正解

虽然只是一次军事演习，但是军官在处理演习之外的状况时，仍然遵照演习中所发生的虚假事实，这便是角色塑造的力量。

秒懂

心理学家菲利普·津巴多非常好奇为什么监狱是一个暴力经常发生的地方，这是否是由于囚犯的特征造成的？还是归咎于监狱自身腐朽的制

度结构？

为了找到答案，津巴多在斯坦福大学心理学系的地下室建立了一个模拟监狱。他征募了一些性格鲜明的年轻自愿男子，他们之前没有任何犯罪前科，并顺利通过了"正常"心理学测试。津巴多随机指派一半的年轻男子扮演囚犯角色，另一半人则充当警卫。他的实验计划持续两个星期，细致地观测这些自愿者与监狱中的角色产生的交互影响。

实验开始后，模拟监狱的群居关系变得十分恶化。在第一个晚上，囚犯们开始发生反抗，警卫在囚犯的反抗中感受到了威胁，很难进行镇压。他们开始研究训练囚犯的方法，如随机性地进行裸体检查、减少洗浴特权、语言辱骂、剥夺睡觉权力以及扣发食物。

在压力之下，第一个囚犯开始"爆发"。在最初的 36 小时里，他大声尖叫着。在随后的 6 天中，其他 4 名囚犯也跟随了他的领导。很快大家都进入一个新的角色，而并未意识到这仅是一场游戏。甚至津巴多也发现自己被这种腐朽的心理学状态所侵蚀，后来他发现这些囚犯有可能正计划进行一次越狱，于是便试图接触真正的警察寻求帮助。此时，津巴多发现许多事情都已失控。仅仅过了 6 天，之前快乐单纯的大学生通过实验竟变成了愠怒的囚犯和残酷成性的警卫。

第 7 天早上，津多巴召开会议，并且将每个人都解散回到家中。囚犯被释放时明显感到轻松自如，而那些警卫却显得很不安。他们已完全喜欢上自己新的权力，并不愿意放弃。

这便是著名的斯坦福监狱实验。津巴多坦言："在那里，现实和错觉之间产生了混淆，角色扮演与自我认同也产生了混淆。"

监狱角色模拟实验表明，一个简单假设的角色可以很快进入个人的社会现实中，他们从中获得自我认同，无法在他们扮演角色时清楚自己的真实身份。

在电影《无间道》中，梁朝伟所饰演的卧底警察陈永仁因为长期混迹于黑社会中，日常的行为在无意识中出现了明显的黑帮分子的特征，而实施这种行为与其达到卧底的目的并没有任何关联。陈永仁为此饱受心理困扰，他不知道该如何挣脱出卧底角色对自己行为和心理的控制。

借助监狱模拟实验所得出的结论，很容易解释陈永仁遭遇心理困境的原因：虽然陈永仁的真实身份是一名警察，但由于长久饰演黑帮分子，在某些时候，他便会以为自己真的是一名黑帮分子，与真正的黑帮分子相差无二。

P06　飞机在二万英尺，牧师离他的总部很近

场化效应：群体心理场所产生的效应

😾 歪读

空中小姐在飞机上递了一杯酒给牧师。

"现在离地面多高？"牧师问道。

"二万英尺。"

"我看我还是不喝的好……因为这儿离我们总部太近了！"

✅ 正解

牧师所谓的总部就是信仰中的天堂，当接近"总部"时，牧师便自觉地按照"总部"的规则拒绝杯中之物。从某种意义上来看，这便是心理学中的"场化效应"。

⏱ 秒懂

所谓"场化效应"，是指由群体心理场所产生的效应——一个个体本来不具备某些个性特征，但是一旦进入某个群体后，便会被这个群体所产生的心理场所磁化，从而产生某些自身不具备的个性特征行为与情绪。例如，有的人本来对赌博并不感兴趣，但是当他置身于赌场时，就会情不自禁地加入赌博人群；有的人性格比较内向，很少在公众面前表达自己的情绪，可是当他参加一个气氛比较热烈的演唱会时，也会像那些疯狂的歌迷一样，与他们一起呼叫、高喊。

关于场化效应的产生原因，有如下解释：

（1）集体意向说。它认为群体心理场能产生一致性的集体意向，这种集体意向是一种从许多人的潜意识中发展而来的。该理论认为，群体中的人，似乎都有一种大权在握的感觉，他们接受社会传染，并模仿他人行动，也易于受到催眠的暗示。

（2）精神感应说。它认为同一群体的人，集中注意于同一个对象，很可能产生同样的情绪，以致共同做出出格的举动。这主要是因为他们觉得在群体中的行为比较安全，不怕受到惩罚。当然，人们也往往认为群体的要求总是对的。

（3）模仿说。这种理论认为，群体中的情感或行为是从一个参与者传到另一个参与者，其实质是模仿。社会学家布鲁迈是这一理论解释的提出者，他对社会传染进行研究后，指出："群体行为吸引并感染了许多人，他们中有许多人本来是超然的和无动于衷的观众和旁观者。开始时，人们可能只是对那一行为感到好奇或者有些兴趣，当他们获得那种激动的精神，就会对那一行为更加注意，同时也就有介入进去的倾向。"

（4）循环反应说。该理论认为，主要是循环反应过程导致了"场化效应"。在这个过程中，情绪和行为在不同的个体间相互传染，导致大家趋同一致化。例如，在一次演出中，只要有一个人喝倒彩、扔东西，便会导致更多的观众喝倒彩、扔东西，行为从个人波及到群体。

（5）责任扩散说。它认为置身于群体之中，个人分摊到的行为责任很小，因此一些平时胆小、怕事、保守的人便会做出一些一个人时不敢做的事。

（6）从众说。它认为群体会对个体产生一种压力，如果个体不按群体规范行事，便可能被群体其他人员冷落、责难、孤立。为了避免这些恶性境遇，个体便会做出与群体一致的行为举动。

$\mathcal{P}$07   想要英雄救美，必须先打退其他英雄

旁观者效应：如果你需要别人的帮助，请明确告诉对方

歪读

一位年轻美貌的女子身陷大火中，最后被一名救火员救了出来。女子获救后，深情地对自己的救命恩人说："为了救我出来，你一定费了不少气力吧？"

救火员说道："可不是嘛！为了救你，我不得不打退三个救火员，他们都抢着来救你呢！"

正解

如果被救的女子不是有着外貌优势，或许她的运气就不会这么好了。因为心理学家研究发现，当多人在场时，每一个人都倾向于等待他人去实施救助行为，而选择不作为。

秒懂

1964 年 3 月 13 日夜晚 3 时 20 分，在美国纽约郊外某公寓前，一位叫朱诺比白的年轻女子在归家的途中，遇到了意欲行凶之人，她绝望地喊叫求救："有人要杀人啦！救命！救命！"顿时，附近住户纷纷亮起了灯，打开了窗户，凶手被吓跑了。当一切恢复平静后，凶手再次来到了朱诺比白的面前，女子再次喊叫，附近的住户再次亮起了灯，凶手仓皇逃跑。就在朱诺比白以为逃过了一劫，坦然回到自己的公寓时，凶手突然出现，朱

诺比白拼命地叫喊求救，她的邻居中至少有 38 人到窗前观看，但没有一个人见义勇为，结果朱诺比白死在了楼梯上。心理学家对这一社会案件进行了仔细的研究，将这种众多的旁观者见死不救的现象称为"旁观者效应"。

"旁观者效应"也称为"责任分散效应"，是指对某一件事来说，如果是单一个体被要求单独完成任务，责任感就会很强，会做出积极的反应。但如果是要求一个群体共同完成任务，群体中的每个个体的责任感就会很弱，面对困难或遇到责任时往往采取退缩的态度。当看到朱诺比白身处险境的时候，每一个邻居都认为即使自己不出手相救，也肯定会有其他人挺身而出，结果导致所有的人都只是若无其事地倚窗相望，朱诺比白却死在了凶犯手下。

假设另外一种情境，朱诺比白明确地向某个邻居发出求救的信号，她叫喊着某个邻居的名字，请求他帮助自己报警或者赶走歹徒。在这种情况下，朱诺比白获救的概率会更大一些。因为如果只有他一个人能提供帮助，他会清醒地意识到自己的责任，对受难者给予帮助。如果他见死不救，就会产生罪恶感、内疚感，这需要付出很高的心理代价。

因此，如果你确实需要某个人的帮助，为了避免"旁观者效应"，你应该明确地把自己的请求传达给具体的人，让对方知道自己需要承担的责任。在一个心理学实验中，当快餐店中的一名被试者离开餐桌前，如果他请求特定的一个人为自己看管皮包的话，"小偷"（实验者的同谋）试图把皮包拿走时，那些委托人都对"小偷"的行为做出了行为反应。在第二种情境中，被试者离开前仅对别人问了一句："你有时间吗？"结果，当皮包被偷走时，这些人只是无动于衷地看着"小偷"把皮包拿走。

*P*08 我最后的遗愿是，
有人说"瞧，他还没死"

标签效应：被"标签"出来的英雄

🐯 歪读

在天堂的门口，有三个人在排队等候进入。圣彼得问他们："在进入天堂之前，你们希望听到参加葬礼的人说些什么呢？这大概是你们最后的遗愿了。"

第一个人说："我是一个医生，我希望有人说：'他是一个伟大的医生，他挽救了很多人的生命！'"

第二个人说："我是一个老师，我希望有人说：'他是一个了不起的老师，他教会我们如何做人！'"

第三个人说："我听了你们两个人的话，非常感动。不过，我更希望有人大叫：'瞧！他在动！'"

✅ 正解

既然已进入天堂，自然已经被标注为"失去生命的人"，从某种意义上来看，这就像为他们贴上了一张标签。随之，关于遗愿的设定，医生与老师便产生了"标签效应"。

⏱ 秒懂

当一个人被一种词语名称贴上标签时，他就会进行自我印象管理，使自己的行为与所贴的标签内容相一致。这种现象是由于贴上标签后面引起的，故称为"标签效应"。

为什么会出现"标签效应"呢？主要是因为"标签"具有定性导向的作用，无论标签是"好"还是"坏"，它对一个人的"个性意识的自我认同"都有强烈的影响作用。给一个人"贴标签"的结果，往往是使其向"标签"所喻示的方向发展。

心理学家克劳特曾做过这样一个实验：他要求一群参加实验的人对慈善事业捐献，然后根据他们是否有捐献，分别评价为"慈善的人"和"不慈善的人"。相对应地，还有一些实验者则没有被下这样的结论。过了一段时间后，当再次要求这些人捐献时，发现那些第一次捐了钱并被评价为"慈善的人"，比那些没有被下过结论的人捐的钱要多；而那些第一次被评价为"不慈善的人"，比那些没有被下过结论的人捐的钱要少。

上述实验充分证明了"标签效应"对人们的影响，现实生活中也常有这样的事例。例如，一旦某人被某个组织赋予了某个称号，他们随后的行为总会受到这个称号的影响，以使自己的行为能匹配这个称号的内涵。1945年2月，反法西斯战争即将全面胜利。在一次摄影大赛中，伊拉·海斯与其他战士的一张合影获了大奖，照片在美国印刷数百万张，海斯被民众视为战争英雄。由于被贴上了"英雄"的标签，从此以后，海斯总是以英雄的姿态亮相。

同样，给某个人贴上一个正面的标签，就会促使对方在态度和行为上做出积极的反应。世界第二次大战期间，针对一批行为不良、纪律散漫、不听指挥的新士兵，美国心理学家做了如下实验：让他们每月都向家人寄一封信，在信中描述自己在前线如何遵守纪律、听从指挥、奋勇杀敌、立功受奖等内容。结果，半年以后，原先不可救药的士兵发生了巨大的变化，他们真的像信上所说的那样去努力了。

"标签效应"对个人的启示是，从某种意义上说，你的人生是被"标签"

定义的。例如，一个人在童年时期非常喜爱跳舞，但是父母和朋友都说他不可能在舞蹈界混出名堂，时间一久，这个人便渐渐地放弃了自己对于舞蹈的爱好，正如其父母和朋友所预言的那样，他没有在舞蹈方面获得成功。然而，按照"标签效应"的逻辑来推理，可以发现，这个人之所以没有在舞蹈方面获得进展，很可能并不是因为他不具备跳舞的天分，而是因为父母和朋友的负面标签发挥了消极所用。因此，别人怎么看你并不重要，重要的是你如何给自己定位，你所认可的自我定位很大程度上决定了你将会被时间塑造成什么样的自我。

P09 没有人因主教摔倒而发笑，因为这是仪式的一部分

社会传统是如何形成的

歪读

一名主教到非洲的一座教堂参加祝圣仪式。由于教堂的椅子不够，主教不得不坐在一个装肥皂的木箱上。仪式开始不久，木箱突然破了，主教尴尬地跌倒在地，然而对于主教的遭遇，教堂内没有一个人失声而笑。

仪式结束后，主教对该教堂的神父说："你们这里的人真有礼貌，我本来以为自己摔倒在地上，会引起所有人大笑呢。"

神父回答："噢，他们还以为那是仪式的一部分呢！"

正解

如果教堂里的人不是第一次参加祝圣仪式，对于主教的失仪之举或许便会捧腹大笑了。在这个笑话描述的情境中，大家都从众而不笑，是因为他们认为不笑才是对这种场合的正确反应。

秒懂

对于一些自己不熟悉的情境，或者不确定自己的判断是否正确的场合，为了避免自己的态度和行为不合时宜而招致他人的取笑，很多人都会倾向于跟随大多数人的观点和做法，产生从众行为。

谢里夫·穆扎法是美国心理学家，他曾经做过一个与自主运动效应有

关的实验。在实验中，他要求参与者判断一个光点的运动量，该光点出现在一个全黑的背景上，没有任何参照点，虽然它实际上是静止的，但看上去是运动的，这便是称为"自主运动效应"的知觉错觉。在最开始，谢里夫让参与者单独做出判断，每个人判断的差异很大。然而，当参与者被召集在一起，每个人都大声地说出自己的判断时，他们的判断就趋向一致。他们都认为看到光点朝着同样的方向移动，并且移动量也相同。随后，谢里夫让参与者结束集体观看之后，独自回到同样的暗室，让他们重新判断光点是否移动，实验发现他们仍然遵从刚刚形成的群体规范。

人们之所以会从众，有时候便是受到了信息性影响。所谓信息性影响，是指希望准确无误地了解特定情境下的正确的反应方式。就像那个古老的童话《皇帝的新装》所阐述的那样，虽然很多人都没有看到皇帝穿着的衣服，但是他们不确定其他人是否看到了皇帝的新装，如果自己说没有看到衣服，便会被视为愚蠢的人，于是每个人都追随其他人的观点，一致赞不绝口地说皇帝的新装多么美妙绝伦。

所以，一个人越见多识广，对于自己的观点越自信，便越不容易被群体的力量征服，从而成为一个有见解的人。

同时，在谢里夫的实验中还体现出这样一种现象：群体解散后，那些参与者独自回到暗室后，仍然遵从已经形成的群体规范，这正揭示了现实生活中的传统是怎样形成的。因为随后的研究发现，关于自主运动所形成的群体规范在一年后的测试中依然存在，即使最初创立规范的小组成员都离开了，最初所形成的关于自主运动的观点仍然经过几代的小组成员传递下来。通过这个实验，你便会明白那些历史悠久的传统为什么至今仍然操纵着现代人的生活了。

传播心理学篇
——为什么我们需要和他人沟通

P01 想让我投你一票，除非我摔坏脑子

飞去来器效应：受众不是被动的"枪靶"

歪读

一位女议员在议会大厅的楼梯上不小心摔倒了。正好经过的总统将她扶起来。她感激地说："总统先生，我该怎样感谢您呢？"

总统笑笑说："下次选举投我一票就好了。"

女议员赶忙说："哦，总统先生，我摔坏的是膝盖，可不是脑子。"

正解

即使身为总统，也应该讲究点传播之道，倘若一意孤行地把自己的意愿推销给其他人，不但不会推销成功，反而会将自己置于尴尬的境地。

秒懂

所谓"飞去来器效应"，是指行为举措产生的结果与预期目标完全相反的现象。飞去来器又叫旋镖、自归器、飞去飞来器，这是一种飞出去以后会再飞回来的武器。

之所以会发生"飞去来器效应"，原因在于传播者在说服他人时，犯了简单、片面化的错误，他们只是把注意力死死盯在自身要达到的目标上，完全忽视了手段的择优选取，以致手段和目标严重背离，因而无法获得成功的说服效果，反而导致被说服者更加排斥传播者的观点。

20世纪二三十年代，在大众传播领域，美国曾奉行一种"枪弹论"。

该理论认为受众就像射击场的靶子，无法抗拒子弹的射击，他们只是消极被动地等待和接受媒介所灌输的各种思想、感情、知识或动机，只要说服者去瞄准他们，"砰"一声枪响，他们就应声而倒，迅速、简单、神奇、有效。因而大众传媒对受众有着不可抗拒的影响力，受众只会乖乖地接受媒体的观点，并且可以成功地被说服采取某种行为。"枪弹论"将大众传媒极大地妖魔化，过高估计了大众传媒的说服作用。然而事实证明，这种理论非常荒唐可笑。

传播是一种双向沟通的过程，一方面，传播者作为沟通的主体发出信息，目标对象接受信息；另一方面，受众做出反馈，根据已形成的认知判断对信息进行评价，从而决定自己的态度。这就意味着，在传播过程中，任何人都不是被动的"枪靶"，而是主动的沟通参与者，如果传播者向受众"开枪射弹"，受众也会躲避一下，甚至举起"盾牌"将传播者的观点驳回去，从而发生"飞去来器效应"。

因此，"飞去来器效应"启示传播者在传播自身的观点时，切不可一意孤行、完全忽略受众的主动批判意识，而将自己的观点强硬灌输给受众。传播者应该采取一些传播策略，根据受众的特点选择更可行的说服方法，如从受众的立场出发阐述观点、以步步深入的方式把观点推销给受众等。

*P*02　魔术师，你到底把船变到哪儿去了？

认知反应理论：人们为什么会反感媒体上的某些观点

歪读

一位魔术师在一艘小邮轮上工作，已有两年的时间了。

这两年来，他每个晚上都为观众表演节目，观众也十分喜欢他的节目。由于邮轮上的乘客总是在更换，所以魔术师每天都在表演着同样的把戏，而对于乘客而言，这种把戏总是新鲜的。

邮轮上有一只调皮的鹦鹉，经过长期的观察，它终于洞察了魔术师节目中的玄机，于是开始毫不留情地当众拆穿魔术师的把戏。例如，当魔术师把一束花变不见时，这只鹦鹉就会大叫说："在他的后面！在他的后面！"

对于这只鹦鹉，魔术师恨得咬牙切齿，但是由于鹦鹉是船长的，魔术师奈何不了这只多嘴的鹦鹉。

有一天，邮轮发生了事故，结果渐渐沉入了海底。

魔术师设法游到了一块漂在海面的木板上，逃过一劫。

正当他庆幸自己不用丧身鱼腹时，不料冤家路窄，那只鹦鹉也飞到了木板的另一端。

仇人相见，分外眼红。他们两个一路大眼瞪小眼地不说一句话，就这样在海上漂流三天三夜。

到了第四天早晨，鹦鹉终于忍不住对魔术师说："算了，我投降了，你到底把船变到哪里去了？"

✅ 正解

当魔术师表演节目时，由于鹦鹉看穿了魔术师的把戏，所以它并没有像其他观众那样，对魔术师的节目采取认同态度。鹦鹉如此，人类同样如此，他们并不会完全认可他人的观点和情感，而是选择性接受。

⏱ 秒懂

"认知反应理论"认为，人们在对信息做出反应时，总会产生一些积极的或消极的解释性思想，这些思想被称为"认知反应"。认知反应决定着人们是否接受信息所传达的态度，以及人们是否会改变自己的态度。例如，你看到有人发表言论，主张减少政府对低收入者的补贴。如果你认为低收入者很难自立，需要政府和社会的帮助，政府应当为其提供补贴，这种认知反应就会使你对这个言论持反对态度；如果你认为政府的负担太重了，政府取消对低收入者的补贴有助于他们自强自立，这种认知反应就可能使你赞成这一主张。

由此可见，人作为自动的信息加工者，他们对于所接收到的信息并不是采取全盘接受的态度，而是会针对信息产生自己的认知反应，这种认知反应决定了他们对所接收的信息采取何种态度。"认知反应理论"很容易用来解释信息的反作用：当个人对信息产生的认知反应支持外来信息时，可预期有正的态度变化；当个人对外来信息产生的认知反应与外来信息相反时，则可能出现反作用。

𝒫03　你没收到天使的信，
　　　看来你也不是什么好人

平衡理论：人们如何形成认知平衡

歪读

约翰对大卫说："我给你讲一个故事吧。"

大卫说："好。"

于是，约翰告诉大卫这么一个故事——

某日，大天使对小天使说："交给你一项任务。你到人间走一遭，然后给我一个名册，要记录下天底下所有玩阴谋诡计的人。"

一个星期后，小天使从人间回来了。他疲惫不堪，瘫倒在大天使面前："不可能，这是不可能完成的使命。"

大天使和蔼地说："我的孩子，好好想想，要动动脑子。"一天后，小天使又从人间回来，满面春风地说："给，这是一个名册，上面记录着人间所有不玩阴谋诡计的人。"大天使将这个名册交给上帝，上帝说："好，就给名单上面所有的人发一封信"。

故事讲完了。大卫迷惑不解："接着讲呀，信上说什么？"

"看来你也没收到信。"约翰遗憾地摊了摊手。

正解

在这则笑话中，约翰以迂回的方法说明大卫是一个惯于玩阴谋诡计的人，按照常理来推断，大卫显然不会赞成这一观点。如果约翰是大卫所认可的人，大卫的认知体系便会出现不平衡，解决的途径可以通过"平衡理论"找出来。

⏱ 秒懂

1958 年，心理学家海德（F.Heider）提出了改变态度的"平衡理论"，又被称为"P—O—X 理论"，P 与 O 各代表一个人，X 是第三者或态度对象。平衡理论假定 P—O—X 之间的平衡状态是稳定的，排斥外界的影响。不平衡状态是不稳定的，并会使个人产生心理上的紧张，只有他们之间的关系发生改变时，才能消除这种心理上的紧张，使 P 的认知体系恢复平衡状态。例如，P 为学生，X 为爵士音乐，O 为 P 所尊敬的师长。如果 P 喜欢爵士音乐，听到 O 赞美爵士音乐，P—O—X 模式中三者的关系皆为正号，P 的认知体系呈现平衡状态。如果 P 喜欢爵士音乐，又听到 O 批判爵士音乐，P—O—X 模式中，三者的关系二正一负，这时 P 的认知体系呈现不平衡状态，这会导致认知体系发生变化。

海德认为，人类普遍地有一种对平衡、和谐的需要。一旦人们在认识上有了不平衡与不和谐感，就会在心理上产生紧张和焦虑，从而促使他们的认知结构向平衡与和谐的方向转化。显然，人们喜欢完美的平衡关系，而不喜欢不平衡的关系。

下面举例说明"P—O—X 理论"。现在有认知主体 P（女青年），态度对象为 O（男青年，为 P 的男朋友），X（男青年 O 自愿当清洁工）。

对此，可能存在 3 种情况：

（1）P 对 O 与 X 都持赞成态度，这是一种平衡状态；

（2）P 对 O 与 X 都持不赞成态度，这也是一种平衡状态；

（3）P 对 O 持赞成态度，对 X 持不赞成态度，这就造成了不平衡状态。

在第 3 种情况下，P 要达到平衡的解决办法为：

（1）P 改变对 O 的看法，认为 O 很老实，肯干；

（2）P 改变对 X 的看法，认为 X（清洁工）也是工作的需要；

（3）P 劝说 O，不要去做清洁工。

"平衡理论"的用处在于使人们可以用"最小努力原则"来预计不平衡所产生的效应，使个体尽可能少地改变情感关系以恢复平衡结构。在一定的情境中，它能以简练的语言来描述认知的平衡概念，使它成为解释态度改变的重要理论。

心理学家西奥多·纽科姆于 1968 年对平衡理论作了补充。他认为当 P 不喜欢 O 时，平衡的压力是较弱的，他把这种情况称为非平衡状态，这是为了区别于不平衡状态。他认为 P 和 O 之间的情感关系是首要的，因为人们并不关心与他们不喜欢的人的态度是否一致。改变的方向主要是改变 P 或 O 对某件事的态度，而不是 P 对 O 的态度。

P04   我的姐夫是上帝，请把账单寄给他

社会判断理论：为什么难以说服想法极端的人

歪读

米洛头昏、恶心、卧床不起，睡了几天也不见好转。他只能硬着头皮来到医院。

米洛对医院的护士说："我是个穷人，请你把我安排在三等病房好吗？"

"难道就没有人能帮助你一下吗？"护士问。

"没有！我只有一个姐姐，她是一个修女，也很穷。"米洛告诉护士。

护士听了后，生气地说："修女可不穷，因为她和上帝结婚。"

米洛讲："那好，就请你把我安排在一等病房吧。等我出院时，你把住院费的账单给我姐夫寄去就行了。"

正解

人们的态度并不是百分之百不可以改变的，但是关于人们是否接受某

个新的信息，还取决于信息是否在个体可以接受的范围内。显然，护士的观点并不在米洛的可接受范围内。

⏱ 秒懂

社会判断理论的基本观点是，一定态度的结构决定着持有这个态度的人如何对待有关说服信息。态度结构意指态度的可能活动范围，人们可能接受的范围称为接受域，人们可能拒绝的范围称为拒绝域。这个理论的主旨在于，如果某个信息处于个人的接受域内，态度将朝着信息所持态度的方向改变。相反，如果某个信息处于拒绝域内，态度将不会改变，或者向着相反的方向改变。

美国社会心理学家谢里夫等人观察到，个人先前的态度是一个中心点，其周围是接受域和拒绝域。例如，某人相信某汽车厂在 5 年内能生产耗油量为 100 英里 / 加仑的汽车。后来他读到一篇文章，认为这种事在 10 年内是不可能实现的。如果 10 年这个数字处于该人接受域内，那么该人原来态度可能发生一些变化。虽然他不一定完全接受这个数字，也许折中为 7 年，但他的态度会朝着这个信息的方向改变。一般说来，个人的接受域越宽，他越可能被他人说服，想法极端的人往往具有狭窄的接受域，而持温和观点的人则具有宽广的接受域，因此要说服想法极端的人并不是一件容易的事情。

P05 今年冬天冷还是不冷，取决于大家是否收集木材？

乐车队效应：权威人物发表意见后，众人齐声附和

歪读

两个印第安人问巫师："今年冬天会不会冷？"

"一定会"，巫师回答说，"你们最好多准备些木柴。"

一连几个星期，巫师都这样回答求教的印第安人。后来，他终于心虚，私下打电话问气象台。气象台一位专家说："今年冬天一定会冷，你看，那些印第安人正疯狂地收集木材呢。"

正解

虽然巫师对于自己的判断也有所质疑，但是对于那些缺乏预测信息的印第安人而言，巫师的判断便是至理名言，大家一起按照巫师的预言做出了相应的举措。

秒懂

所谓"乐车队效应"，是指众人由于受到专家权威性意见的影响，群体以一边倒的态势对这些权威性意见给予附和和赞同。权威人物就如同乐队里的指挥，只要他拿起了指挥棒，其他的人便按照他所定的基调共同奏乐，因此将这种心理效应称为"乐车队效应"。

"乐车队效应"是决策过程中常见的现象，在股市中、调查中都会发生。

某个权威人物一发言，就可能把整个决策定了基调；某个股评专家对未来股市发展情况做出判断后，便可能影响众多股民，特别是那些对于股市了解不深的散户，更容易受到股评专家的影响；某个有影响力的被调查者一发言，许多被调查者便会应声附和，不再有别的看法。企业进行优秀员工评选时，也常常会发生"乐车队效应"，只要某个有影响力的人提名了某人，其他的人便会随之齐声附和，将提名者选为优秀员工，以致发生了民主的变异。

P06   本案撤销，打死活该

落水狗效应：对于与切身利益无关的事情，人们多会支持弱者

歪读

法官："我无论如何也无法相信，您这样一位体面的、持重的男子竟会动手打像您妻子那样的一个娇小脆弱的女人。"

约翰斯："可是她骂我，折磨我，使我完全失去了耐性。"

法官："您妻子是怎么折磨您的？"

约翰斯："她喊道：'来吧，打我吧，我不怕。来呀，来呀，只要碰我一下，我就把你拉到那个秃头的老傻瓜——法官那里去。'"

法官："本案撤销。"

正解

当男人的家庭纠纷与法官无关时，法官采取了支持妻子的态度，而当纠纷与法官的利益相关时，法官则改变了自己的态度——只有对于那些与自己切身利益无关的事情，人们才会采取支持弱者的态度。

秒懂

一般而言，对于与自己密切相关的事情，人们都会产生从众心理，但是对于那些与自己切身利益无关的事情，则会采取支持弱者的态度，这便是"落水狗效应"，也称为"支持弱者效应""败犬效应"。例如，你有两个朋友，其中一个体型高大、性格剽悍，另一个则身形较小、胆小怕事，

平时总是一副唯唯诺诺的样子。当他们两个爆发冲突时，你多会支持弱小的一方，认为强大的一方应该为冲突爆发承担更多的责任。

所以，如果一个人义正词严地举出支持弱者的事例表明自己的人道主义之心时，你最好分析一下：对于所发生的事件中，此人是否是毫无关联的旁观者？与弱者相关的事件是否关系到此人的利益？其实，有时候某个人采取了支持弱者的行为，与他的道德品行并没有太大的关系。

同样，当你面对一起冲突纠纷时，常常会情不自禁地支持弱者。这时你就要反思一下，自己是否在"落水狗效应"的影响下做出了有失公允的判断。

𝒫07 什么叫做高效率

权威效应：人微言轻、人贵言重

歪读

联邦调查局给某探员寄去了一个恐怖分子的 6 张不同装束的照片，并下令在两周之内完成任务。一周以后，联邦调查局收到了探员的密电汇报：照片收悉，当场击毙拒捕 4 人，全力追踪在逃 2 人。

正解

对于探员而言，联邦调查局可谓是警界的最高权威。当他收到来自联邦调查局的关于恐怖分子的照片后，没有与联邦调查局进行咨询，便不遗余力地执行了误解的指令。如果照片来自于普通探员，或许这样的失误便不会发生。

秒懂

美国的心理学家曾经做过一个实验：在给某大学心理学系的学生们讲课时，向学生介绍一位从外校请来的德语教师，说这位德语教师是从德国来的著名化学家。实验中，这位"化学家"煞有介事地拿出一个装有蒸馏水的瓶子，说这是他新发现的一种化学物质，有些气味，请在座的学生闻到气味的就举手，结果多数学生都举起了手。对于本来没有气味的蒸馏水，由于这位"权威"的心理学家的语言暗示，所以多数学生都认为它有气味。

这个实验中便凸显了"权威效应"的作用。"权威效应"又称为"权威暗示效应"，是指一个人如果地位高、有威信、受人敬重，那他所说的话及所做的事就容易引起别人重视，并让他们相信其正确性，即"人微言轻，人贵言重"。

"权威效应"的普遍存在，首先是由于人们有"安全心理"，即人们总会认为权威人物掌握着真理，权威人物的判断、选择、行为都会更加正确，服从权威人物便会使自己具有安全感，不会在众人面前出丑；再者，人们往往有获得认同和赞许的心理诉求，倾向于认为权威人物的要求与社会规范相一致，按照权威人物的要求去做，会获得其他人的认同，可以赢得他们的好感度。

在日常生活中，"权威效应"随处可见。你打开电视，常会看见某个权威人物在大力地推荐某个商家的产品，你翻阅报纸，发现文章中常会出现某些权威机构和权威人物的名字，作者借助权威来佐证自己的观点，增强自己文章的说服力。

不过，人非圣贤，孰能无过，权威也会有犯错的时候，或者被某些利益团体所利用而故意误导大众。因此，如果只是一味地盲从权威，便会使自己沦为群体潜规则的牺牲品。

*P*08 戈尔巴乔夫是司机，
后座的人肯定显赫得不行

名人效应：商家为什么热衷于名人代言

🐼 歪读

有一次，苏联前总统戈尔巴乔夫在任时赶着去参加一个重要会议。他担心时间不够，便催促司机将车开快点，但司机怕违章，拒绝了他的要求。总统再三请求，司机仍不同意。于是，戈尔巴乔夫只得命令司机坐到后面去，由他自己亲自驾车。

轿车行驶不到几公里，就被交通警察拦截下来。警官命令他的下属人员将车上的违章人员扣留下来。过了一会儿，下属回来报告说，车里坐的是一位显赫人物，恐怕不好查办。

警官问："那位显赫人物是谁？"

"不知道"，下属回答，"不过戈尔巴乔夫是他的司机。"

✅ 正解

当一个人成为名人后，便等于建立起了一个独特的个人品牌，这种品牌所产生的力量常常使其被人们视为权威和专业的象征。例如，笑话中的警察便认为，既然戈尔巴乔夫能够给某人当司机，这个人就一定是一位显赫的人物。

⏱ **秒懂**

所谓"名人效应",是指由于名人的出现而带来的引人注意、强化事物和扩大影响的现象。

"名人效应"已经在人们生活中的方方面面产生了深远影响,如名人代言广告能够刺激消费、名人出席慈善活动能够带动社会关怀弱势群体,等等。

简单地说,"名人效应"相当于一种品牌效应,它可以对人们产生强大的说服力,起到塑造人们行为的作用。

俄国心理学家符·施巴林斯曾做过这样一个试验:他把进修班学生分成四组,请一位副教授分别向他们作一次演讲,演讲的题目是"阿尔及利亚学校教育情况"。

对于四组学生,讲演者采用了同样的讲稿和教态,分别以不同的身份和服饰装扮亮相——第一组以副教授的身份出现;第二组以"中学教师"的身份出现;第三组以参加过阿尔及利亚国际比赛的"运动员"的身份出现;第四组则以"保健工作者"的身份出现。

结果发现,这四组学生对演讲的评价出现了显著的异议。第三、四组的学员反映,讲演者语言贫乏,内容枯燥无味,教态沉不住气,甚至有人埋怨听其演讲简直是"白费时间"。而第一组学员普遍地给予好评,认为讲演者"学识渊博",对问题及其特点研究得很细致,而且语言生动活泼,教态落落大方,因而感到颇有收获。

由此可见,如果学生对演讲者持有消极的态度定式,演讲者就难以对他们产生说服力;反之,如果学生对演讲者持积极的态度定式,他们就容易接受演讲者的态度和观点。研究者由此探讨了影响说服力的因素,他们认为,说服者的影响力主要取决于两个因素:其一是说服者的专业性,具体包括说服者的身份、所接受的教育训练、社会地位、职业与年龄等;其二是可信度,它主要与扮演宣传者角色人物的人格特征、外表形态以及在讲话时的信心、态度有密切关系,此外,可信度还与接受宣传的人对宣传者讲话意图的理解有关。

　　正是基于上述结论，商家为了使自己的产品在消费者中间形成品牌影响力，多会借助名人效应，以请名人代言的方式推销自己的产品，甚至不惜重金，请国际大牌明星为自己的产品代言。因为在整个社会群体中，名人多是某种成功意义的象征，他们不论是在专业性方面，还是在可信度方面，都获得了普通大众较高的评价。

销售心理学篇

——不懂客户心理，还敢做销售

P01 想认识画家，只为知道画中的裙子是哪个裁缝做的

选择性注意：为什么商家都会对眼球经济倍加推崇

歪读

一位画家举办个人画展。前来参观的人群中有一位贵妇，她站在一幅画前端详了很久，自言自语道："我要是能认识这幅画的作者，那该多好啊！"

此时，画家正站在贵妇的身旁，他非常高兴能遇到懂得欣赏自己的观众，便向贵妇，自我介绍道："夫人，我就是这幅画的作者。"

贵妇说："这幅画画得太妙了！你能不能告诉我，画里这位小姐的裙子是哪个裁缝做的？"

正解

对于同一幅画作，艺术爱好者看到的是作者的艺术造诣，贵妇看到的则是画幅中小姐的裙子，关注的事情全然与画作本身无关。对于同一个事物，由于观赏者的兴趣爱好、生活的背景、观赏时的情绪不同，导致他们分别与事物的不同方面产生了共鸣。

秒懂

人们在日常生活中时常面对许多刺激物，不可能对所有刺激物都加以注意，所以绝大多数都被筛选掉了，只有一小部分能引起人们的注意，那

些引起人们注意的刺激物，便是选择性注意。

1958 年，英国心理学家 Broadbent 对于双耳分听的一系列结果进行研究后，提出了"过滤器理论"，该理论解释了注意的选择作用。"过滤器理论"认为，神经系统在加工信息的容量方面是有限度的，不可能对所有的感觉刺激进行加工。当信息通过各种感觉通道进入神经系统时，首先要经过一个过滤机制，只有一部分信息可以通过这个机制，并接受进一步的加工，而其他的信息就被阻断在外面，直至完全消失。Broadbent 把这种过滤机制比喻为一个狭长的瓶口，一部分水通过瓶颈进入瓶内，另一部分则留在瓶外。所以，"过滤器理论"也叫做"瓶颈理论"或"单通道理论"。

研究表明，在商品市场上，消费者面对林林总总的产品信息，一般有三种情况能引起他们的注意：一是与目前的需要紧密相关的，如一个饥肠辘辘的人进入超市，那些关于食物的信息便更容易引起他的注意；二是预期将会出现的，如一家公司在推出一个新产品前通过广告大举造势，由于对此产品的出现形成期待心理，人们便会格外关注与此产品相关的信息；三是变化幅度大于一般的、较为特殊的刺激物，如与降价 5% 的广告相比，降价 50% 的促销告示会引起人们更大的注意。

在市场竞争中，消费者面对的是层出不穷的商品和数不胜数的促销广告，如果商家的所销售的产品或者为其所做的营销推广毫无新意，便很难引起消费者的注意，无法在市场竞争中获胜——在某些人看来，眼球经济或许有媚俗的成分，但是为了使所销售的产品在众多的商品中脱颖而出，你便不得不千方百计地吸引消费者的目光，因为吸引注意是成交的第一步。

P02　鹦鹉泄气，让鸡叫爸爸

同伴影响力：为什么失去一名客户就等于另外失去 250 名客户

歪读

老张心血来潮，想去买只会说话的鸟回来养，于是特意去了一趟宠物店。一进门，老张就看见一只鹦鹉躺在笼子里，一动也不动，一只脚还挂在笼子上。老张很好奇，正准备去问问老板时，看见笼子外面贴着一张纸，上面写着："我没有生病，脚也没有受伤，更不是死掉，我就喜欢这样躺着。"老张觉得这只鹦鹉挺有个性的，便买了下来。

买回来的一个星期里老张每天都教这只鹦鹉说话——"叫爸爸"，可是鹦鹉始终没有反应，每天只是睡觉。老张非常生气，一怒之下，便把鹦鹉扔到了鸡笼子里。

过了一天，老张想看看这只鹦鹉的命运如何，结果他看到笼子内发生了这一幕——鹦鹉抓着一只鸡说："叫爸爸！叫爸爸！……"

正解

从某种意义上来说，老张的行为对鹦鹉产生了示范的作用。模仿示范的行为既是动物的本能，也深植于人们的消费意识中。

秒懂

人们的行为在很大程度上会受到其同类或同伴的影响。如果人们发现某种行为已经成为其同类中的一种流行行为，他们往往也会跟着做。心理学家们将这种影响称为"同伴影响力"。

加州大学圣克鲁兹分校的管理者希望大学生们能节约水和能源，因为圣克鲁兹分校的学生以热情的环保主义者而著称，所以管理者认为在告示栏中张贴一张节约告示就可以改进学生们的行为。男浴室旁边的墙上的告示上印了如下内容："①淋湿；②关水；③打肥皂；④冲洗干净"。告示贴出的5天内，只有6%的人按照告示上的建议去洗澡。当告示贴到浴室入口处更显眼的位置后，按照建议洗澡的学生的比例也不过增加到了19%。

后来，管理者撤除了所有的告示，他们安排一名学生在浴室里示范适当的洗浴行为。当浴室空无一人时，一名学生进入浴室，背朝浴室入口等着有人进来。一旦他听到有人进来，便会按照告示的建议进行洗浴。结果，有49%的学生都按照告示所建议的方式洗浴。当有两名学生在浴室里示范时，效仿的学生的比例竟然增加到了67%。

这一案例显示了同伴影响力的力量。相对于直接的告示信息，示范行为对学生们的行为改变产生了更大的影响，这是因为人们都容易产生从众心理，为了获得他人的认同，不被群体所孤立，很多人都会追随那些大多数人的选择。

同伴影响力对市场营销人员有很大的启示，当他们把一个消费者所不熟知的新产品推向市场时，如果他们能充分利用人们易于接受同伴的影响这一点，对于他们推广新产品将大有裨益。看看购物手推车的被接受过程，就可以知道同伴影响力所带来的巨大的行为扩散效果了。购物手推车的发明者 Sylvan Goldman 注意到顾客一旦觉得购物袋过沉就会放弃购物，于是他发明了购物手推车。在最初说服人们使用购物手推车时，商家只是把手推车放在店铺的显著位置，并用标识牌提示人们注意，然而这种方法收效甚微，很少有人使用。后来，Sylvan Goldman 想到了一个计策：他雇用了一些顾客推着购物手推车招摇过市，结果，顾客们纷纷效仿，购物手推车很快风靡美国。

　　在当今的商界，这种基于同伴影响力而建立起来的营销策略被称为"蜂鸣营销"，是指一种主要通过人们（可以是消费者，也可以是企业的营销人员）向目标受众传播企业产品（或服务）信息而实行的影响策略。世界上最伟大的销售员乔·吉拉德提出了一个著名的"250 定律"，他认为在每位顾客的背后，都大约站着 250 个人，如他的同事、邻居、亲戚、朋友等。如果一个推销员在年初的一个星期里见到 50 个人，其中只要有两个顾客对他的态度感到不愉快，到了年底，由于连锁影响，就可能有 500 个人不愿意和这个推销员打交道。借助同伴影响力的理论来重新审视乔·吉拉德这一金科玉律，你会发现，世界上最伟大的销售员并没有危言耸听。

P03 我想煮点石头汤喝

登门槛效应：销售员步步为营的伎俩

🐼 歪读

在一个风雨交加的夜晚，一个乞丐到富人家去讨饭。仆人对他的态度非常恶劣，对他大声呵斥："滚开！别来打搅我们！"那个乞丐就苦苦哀求到："求求你，让我进去吧，我在炉火上烤干衣服就离开。"仆人心想这好像也没什么影响，于是就让他进去了。

接着，乞丐又以可怜的神情乞求厨娘借给自己一个小锅，让他"煮点石头汤喝"。"什么？石头汤？"厨娘听完之后感到非常好奇，"我倒真想看看你是如何做成石头汤的。"所以，她就答应了。

随后，乞丐就到路上捡了一块石头，洗干净以后就将石头放进锅里煮。

"但是，我总要放一些盐吧。"乞丐说得理所当然，厨娘也觉得有道理，就又给他一点盐，顺便又给他一些豌豆、薄荷以及香菜等碎菜叶。最后，厨娘还将剩下的碎肉末也放进乞丐的汤内。

很快，汤煮好了，聪明的乞丐将石头捞了出来，美美地喝了一锅味道鲜美的肉汤。

设想一下，如果这个乞丐起初就对仆人说"行行好吧，给我一锅肉汤吧！"会怎样呢？很明显，他根本进不了富人的家门，更别说能喝一锅肉汤了。

✅ 正解

在现实生活中，可能大家都有过这样一种体会：当你请求他人帮助时，如果刚开始便提出比较高的要求，是极易遭到拒绝的；倘若你先提出比较低的要求，等他人同意之后再适机增加要求的分量，就会更易达到目标。探讨其中的原因，就必须要提到"登门槛效应"。

⏱ 秒懂

"登门槛效应"又称为"得寸进尺效应"，是指一个人一旦接受了他人的一个微不足道的要求，为了避免认知上的不协调，或想给他人以前后一致的印象，就有可能接受更大的要求。这种现象，犹如上楼梯时要一级台阶一级台阶地上，在惯性的驱使下，逐渐登上高处。

1966年，美国社会心理学家弗里德曼与弗雷瑟做了一个名为"无压力的屈从——登门槛技术"的现场实验。他们让助手到两个居民区劝人们在房前竖一块写有"小心驾驶"的大标语牌。在第一个居民区，助手向人们直接提出这个请求，结果很多居民都拒绝了这个要求，接受者仅为被要求者的17%。在第二个居民区，助手先向居民出示了一份赞成安全行驶的请愿书，请求居民在上面签字。对于这个小小的要求，几乎所有的被要求者都签了字。几周后，助手向第二区的居民提出了竖标语牌的要求，结果接受者竟占被要求者的55%。

心理学家解释上述实验为：对于那些难以做到的或者违反自身意愿的请求，人们拒绝是很自然的事情。可是如果他们对于某种小请求找不到拒绝的理由，便会点头同意。而一旦他们卷入了这项活动的一小部分以后，便会产生自己是关心社会福利者的自我概念或态度。这时如果他拒绝随后的更大要求，就会出现认知上的不协调，于是恢复协调的内部压力就会促使他们继续答应实验者的要求，态度也倾向于永久化。

具体到上述实验，后一组的居民同意率之所以超过半数，是因为在这之前对他们提出了一个较小的要求；而前一组的居民同意率之所以不足20%，是因为在这之前对他们没有提出任何要求。换句话说，后一组的居民同意率之所以高于前一组的居民，是因为人们的潜意识里总是希望自己给人留下前后一致的印象。

在推销过程中，精明的推销员时常会利用"登门槛效应"说服顾客购买。例如，他们会让顾客先试一试衣服，并告诉顾客买不买不要紧。一旦顾客试衣后，推销员便会夸赞衣服与人多么相得益彰，然后进一步说服顾客为这件衣服付钱。人们一旦有一只脚跨进了门槛，只要旁边有人再进一步地煽风点火，人们便会让另一只脚也迈入门槛。一般而言，在实现成交方面，推销员使用这种伎俩的成功率很高。

P04　帮我捎个大衣进城，
顺便把我裹在大衣里

拆屋效应：商家为什么总喜欢使用打折扣的促销策略

歪读

林肯在斯普林菲尔德担任律师期间，有一天他步行到城里去。当一辆汽车从他身后开来时，他叫住了驾驶员，说："能不能行个方便，替我把这件大衣捎到城里去？"

"有什么不能呢？"驾驶员回答说，"可我怎么让你重新拿到大衣呢？"

"哦，这很简单，我打算裹在大衣里头。"

正解

与直接请求搭车进城相比，林肯由小要求升级到大要求的策略更容易使驾驶员答应其请求。

秒懂

心理学家曾经做过这样一个实验，他们要求大学生在 2 年时间内每周花 2 个小时担任未成年犯的辅导员。对于这个请求，所有的大学生都拒绝了。实验者做出了退步，他们只是要求大学生充当一些未成年犯的陪伴，陪未成年犯逛一次动物园。这时，有 50% 的大学生同意接受这个小要求。实验者另外找到一组大学生，没有向他们提出担任辅导员的大要求，而是单刀直入地直接要求他们陪伴未成年犯逛动物园，结果只有 17% 的人同意充当旅游陪伴。这种先提出很大的要求来，接着提出较小、较少的要求的进程，在心理学上被称为"拆屋效应"。"拆屋效应"出自鲁迅先生所写的《无声的中国》一文，文章中有这样的语句："中国人的性情总是喜欢调和、折中的。譬如你说，这屋子太暗，说在这里开一个天窗，大家一定是不允许的，但你主张拆掉屋顶，他们就会来调和，愿意开天窗了。"

"拆屋效应"在日常生活中经常出现。例如，一名家长对于犯错误的孩子大发雷霆，孩子受到责骂后，索性离家出走。当发现孩子深夜未归后，家长便心急如焚，四处寻找孩子的踪影。此时，如果孩子突然出现，家长往往就会抱着既往不咎的态度优待自己的子女。

商家在销售的过程中经常会用到"拆屋效应"。例如，在实施定价策略时，他们习惯于把价钱定得高于顾客的心理价位，然后再给予价格折扣，这样顾客便会觉得商家已经做出一些让步。相比于最初就以折扣价定价的商家而言，顾客会认为购买折扣的商品是更明智的决定。

P05　骑奶牛与骑自行车相比，究竟哪个更蠢点？

钓鱼效应：成功的营销策略在于激发出客户的强烈需求

歪读

农夫约翰到一家五金商店买东西。店老板想向他推销自行车，便说："你瞧，这里的自行车都很漂亮。如果你买一辆的话，你就可以天天骑着它去查看你的庄稼了。"

"啊，不！"农夫说，"我不需要自行车，我想还不如在我的牛圈里多添一头奶牛。"

"照你说的那样，"老板说，"你就得骑着奶牛进城了。这多么愚蠢啊！"

"嗯，我倒不明白，"农夫回答道，"骑奶牛进城同用自行车挤牛奶相比，究竟哪个更愚蠢？"

正解

不论多么美轮美奂的商品，如果脱离了某个客户的特定需求，对于该客户而言，此种商品只是毫无用处的多余品。

秒懂

在钓鱼时，鱼饵被放在鱼的前面。面对自己最喜欢吃的东西，即使面临的是上钩死亡的风险，鱼仍然会产生吃鱼饵的举动，结果导致离开栖身的大海，成为人类的盘中餐，这种现象便是"钓鱼效应"，是指一个人因内心强烈的需求而产生的相应行为现象。

　　人的行为最终是由内心的需要驱动的。美国的心理学家欧佛斯特教授曾在其所著的《人类行为论》中指出："人类的行动产生于内心的需求。因此，打动人最好的方法，首先是引起对方内心的强烈需求。不论在商场、家庭、学校还是在政治上，想打动他人的人，要好好地记住这件事。能如此做的人能成功地得到全世界的支持，做不到的人即使要获得一个人的支持也没办法。"

　　莱菲惠尔是一家公司的工程师，他为了让工头自愿使用新式的指数表，便利用了"钓鱼效应"的吊胃口作用。他与工头谈话时，故意把新式指数表夹在腋下，手里拿着一些征求意见的文件。当他们讨论有关文件时，他故意把表从左腋下换到右腋下，又从右腋下换到左腋下，移换了好几次后，工头终于情不自禁地问道："你拿的是什么？"莱菲惠尔漫不经心地答道："哦，这个嘛，不过是一个指数表。"工头表示很想看看这个新式的东西，莱菲惠尔欲擒故纵地说："这是别的部门用的，你们部门用不着看这种东西。"并做出要离开的样子。工头此时更加好奇，执意要求要看一看工程师腋下的指数表。莱菲惠尔故意装着一副勉强答应的样子，将指数表递给工头。当工头仔细看的时候，他就故作轻松状，但是又非常详尽地把这东西的效用讲给工头听。工头听完工程师的介绍后，欣喜地叫了起来："我们用不到这东西吗？哎呀！这正是我早就想要的东西！"——故事的结局当然是工头自发地要求使用指数表。

　　高明的商家在把产品推销给大众时，总是会强调产品对顾客需求的满足度，从物质需求和精神需求两方面诠释产品对顾客的好处，不断地激发出顾客内心强烈的需求，促使客户完成购买行为。

P06　我希望自己是城里唯一的乞丐

稀缺效应：人们往往会追捧限量版物品

歪读

在一个晴朗的日子里，一群人在一堵墙根下，一边晒着太阳，一边为自己祝福。有的想成为富翁，有的想娶富翁的女儿，有的祝愿妻子能生个小孩。在这群人中间有一个犹太乞丐，他也喃喃地对天祈祷着什么。

"喂！"有人问他，"你为自己祈祷什么呢？"

"我希望自己是这座城市里唯一的乞丐。"

正解

与其他人相比，犹太乞丐似乎没有什么理想，但是如果他真的梦想成真，自己成为了城市里唯一的乞丐，他应该会过着十分幸福的生活。

秒懂

所谓"稀缺效应"，是指由"物以稀为贵"而引起的购买行为增多的现象。商家为了提高交易量，常会贴出"一次性大甩卖""清仓大特价"的告示，这种宣传策略往往会导致客户蜂拥而至，纷纷抢着购买店里的商品。这种心理便来源于"稀缺效应"，人们认为如果此时没有购买，很可能以后便很难再买到了，于是争相购买那些大甩卖的物品。

从某种意义上来说，人们都不希望混同于大众，希望显示出自己在天地间的独一无二性，这便导致人们总是希望能够垄断某件十分喜欢的物品，从而提高自己的被关注度。也正因此，明星都会极力避免在隆重场合发生与其他人撞衫的现象，为了避免出现撞衫的尴尬，甚至会提前打探与自己同时出现的某个明星会穿什么衣服。这种心理也导致了"稀缺效应"的出现，人们总是乐于购买比较稀缺的物品，甚至情愿为它们支付较高的价钱。

为了迎合人们这种追捧稀缺物品的心理，有些商家会高价推出一些限量版商品，指明全球只有为数不多的几个。这一策略常能极大地刺激富人的购买欲，他们不惜一掷千金，将拥有这种商品视为身份和品位的象征。但是对于商家而言，由于商品的售价远远高于商品的成本，所以即使他们无法大批量生产限量版商品，也能赚取不菲的利润。

$\mathscr{P}$07　一模一样的手环，一个便宜一个贵？

参考价格效应：为什么知名品牌商品都在专卖店销售

歪读

有一个中年妇人在首饰店里看到两只一模一样的手环，一个标价五百五十元，另一个却只标价二百五十元。

妇人大为心喜，立刻买下二百五十元的手环，得意洋洋地走出店门。

妇人走后，里面的店员对另一个店员说："看吧，这一招屡试不爽。"

正解

如果你是一个商人，如果你希望销售的产品能够畅销，不妨选择一个高价的同类商品作为陪衬。

秒懂

"参考价格效应"是指：商品的价格相对于消费者认知的其他替代商品越高，消费者对价格就越敏感。反之，消费者则对价格不敏感。也就是说，一个商品是否能使消费者做出购买决策，其中的一个重要因素就是商品的相对价格，消费者更倾向于选择那些更加便宜的物品。

一般而言，缺乏购买经验的消费者由于对商品信息缺乏了解，在购买商品方面，他们通常会支付相对较高的价格。某些商家正是利用了这一点，对于消费者缺乏消费经验的商品和服务，他们倾向于制定高价策略。例如，一些旅游景点的饭馆和娱乐场所，它们面临的价格压力往往要小得多，因为偶尔路过的游客对相关情况不十分了解，因此这些饭馆的价格往往要高于其他饭馆的价格。不过随着城市消费门户网站的兴起，由于人们可以从网上借鉴他人的消费体验，所以那些消费者缺乏消费经验的商品和服务所面对的价格压力也越来越大。

在百货商店和超市里，如果经销商将同类商品放在一起销售，消费者很容易对替代品的价格进行比较，这便导致价格较低的商品往往销量很大，而价格较高的产品的销量相对会小一些。正是因为这个原因，很多知名品牌的商品都选择在专卖店进行销售，以便尽可能控制消费者对替代品的认识。除了选择在专卖店销售外，一些经销商还选择其他方式降低消费者的"参考价格效应"，如将价格较低的大众品牌放在货架中不起眼的地方，而将高价商品放在显眼的位置。

此外，消费者的参考价格还依赖于他们对未来价格的期望，如果他们认为未来价格低于目前价格，他们便会持币观望；反之，则会迅速采取购买行为。因此，对于某个商品而言，相对于简单的降价，进行打折促销会更有助于刺激购买，因为一旦经销商执行降价策略，消费者便会惯性地预期可能以后的价格会更低，从而延迟购买时间。而打折促销由于只是短期的营销手段，消费者容易产生"机不可失时不再来"的心理，便会抓紧时间购买。这也是某些奢侈品品牌从不降价促销的原因所在。

$\mathcal{P}$08　一旦宝石沾上些灰尘，我就随手扔了

凡勃伦效应：富商为什么高调征婚

歪读

一个晚会上，一位妇女正在大肆夸耀她的富有："我经常用温水清洗我的钻石，用红葡萄酒清洗我的红宝石，用白兰地清洗我的绿宝石，用鲜牛奶清洗我的蓝宝石，你呢？"她问坐在旁边的一位老妇人。

"噢！我根本就不洗它们，"老妇人答道，"一旦它们稍微沾上了些灰尘，我就随手扔掉了。"

正解

人们普遍具有炫耀的心理，这种心理让商人伺机发财，他们为商品制定了令人咋舌的价格，反而会使一些人对商品产生强烈的拥有欲。

秒懂

商品的价格定得越高，就越能受到消费者的青睐，这便是"凡勃伦效应"的中心主旨。消费者身上存在的这种商品价格越高反而越愿意购买的消费倾向，最早由美国制度经济学家所提出，因而被命名为"凡勃伦效应"，它反映了人们进行炫耀性消费的心理愿望。

人们进行炫耀性消费的目的通常并不是为了获得直接的物质满足与享受，而是为了满足自己高人一等的社会心理。由于拥有一些特殊商品更能产生炫耀性的效果，如收藏名画、艺术品凸显品味的不同凡响，购买奢侈

轿车显示地位的高贵等。一般而言，这类商品价格定得越高，反而越能促使消费者购买它们。通常来说，随着社会经济的发展，炫耀性消费的趋势只会增加而不会减少。

关于"凡勃伦效应"，有这样一个哲理故事。

一位禅师给了一个门徒一块非常漂亮的石头，叫他去蔬菜市场试着卖掉它。禅师特意嘱咐门徒说："不要卖掉它，只是试着卖掉它，多问一些人，然后回来告诉我，它在蔬菜市场上能卖多少钱。"

门徒到了菜市场，有的人对石头出了价，但最多也只不过是几个小硬币。门徒回来说："它最多只能卖几个硬币。"禅师说："现在你去黄金市场，问问那儿的人。但是也不要卖掉它，光问问价。"

门徒从黄金市场回来后，非常高兴，说："太不可思议了，有的人乐意出到1000块钱。"禅师平静地说："现在你去珠宝市场那儿，低于50万不要卖掉。"

门徒继而又去了珠宝商那里，让门徒大吃一惊的是，竟然有人愿意出价5万块，门徒谨遵禅师的教导，没有卖掉石头，后来，人们争着叫价，直到价格飙升到50万元时，门徒出售了石头。

门徒回来后，禅师意味深长地说："现在你明白了，石头到底以什么价位出售，关键在于你是否有鉴赏力。如果你不要更高的价钱，你就永远不可能以较高的价钱出售。"

当然可以猜想得出，禅师给予门徒的石头并不是一块普通的石头，否则这样的故事就有些天方夜谭了。虽然以50万的价格购买一块石头，看似非常不理性，但这也说明，高价对于消费者做出购买行为的唆使性。

很多富商名流们频频亮相拍卖市场。他们在拍卖会上一掷千金，一幅画作动辄以上千万美元的价位成交，在普通大众看来，这种行为非常不理性。然而这种非理性行为正是来源于购买者的炫耀性消费心理，因为梵·高、雷诺阿、毕加索这些名字已经成为财富和品味的象征，富商名流们往往通过拥有名家的作品来显示自己的高人一等。

与重金购买艺术品一样，富商们在媒体上公开征婚的目的也通常并非为了如愿以偿地找到配偶，因为很少有某一个富商通过高调征婚而寻找到真爱的。从某种意义上说，富商的这种行为也是一种炫耀性消费。按照男权主义的逻辑，女人通常被视为男人的附庸，等同于男人的财产，能够拥有才貌双全的女子自然也是男人拥有财富和地位的象征。因此，所谓"抱得美人归"，与其说是真爱与共，还不如说是富商的另一宗炫耀性消费。

经济心理学篇

——为什么说人的一切行为都跟经济学有关

$\mathcal{P}$01　他明知这是空鱼缸，
仍然聚精会神地钓鱼

代表性思维：投资好公司的股票，不一定是理性的投资

歪读

在一家精神病院里，一个患者每天都对着空鱼缸钓鱼，医生们对这种反常的现象已经习以为常，因此从来不过问写什么。

一天，患者又在拿着鱼竿聚精会神地钓鱼，一个医生随口问道："你今天钓了多少鱼呀？"

患者鄙夷地看了医生一眼说："白痴！你难道不知道这只是一个空鱼缸吗？"

正解

一般人都认为，精神病患者理所当然地会行为表现失常。从经济学的观点来看医生的推理，可以发现这是一种典型的代表性思维误差。

秒懂

"代表性思维"是指这样一种认知倾向：人们喜欢把事物分为典型的几个类别，然后，在对事件进行概率估计时，过分强调这种典型类别的重要性，而不顾有关其他潜在可能性的证据。也就是说，大脑一般使用捷径来简化分析信息的过程，常常假定拥有相似特征的事物就是相同的。

请看这样一道题目：

　　玛丽是一个文静、勤奋并且关心社会问题的女孩，她本科就读于伯克利大学，主修英语语言文学和环境学。那么在如下三种工作中，你认为玛丽最可能从事哪种工作：

　　A. 图书馆的管理人员

　　B. 既是图书馆的管理人员，也是山地俱乐部的会员

　　C. 任职于金融机构

　　针对上述题目，美国华盛顿州立大学金融学教授约翰·诺夫辛格博士询问了主修投资学的本科生、工商管理硕士及金融顾问。结果，在三类学生中，有一半以上的学生选择了 B，他们认为玛丽最可能既是图书馆的管理人员，也是山地俱乐部的会员。这是因为，人们认为这两项工作与玛丽的人格特质最为相符。

　　然而，事实上，答案 A 的可能性比答案 B 的可能性更大，因为如果玛丽是图书管理人员和山地俱乐部的会员，那她一定是一名图书馆管理人员。也就是说，答案 A 是答案 B 的一部分。而这个问题问的正是玛丽从事哪一项工作的可能性最大，而不是玛丽更乐于从事哪种工作。

　　不过 A 仍然不是最佳答案，最佳答案其实是 C，即玛丽任职于金融机构，因为在金融机构工作的人要远远多与在图书馆工作的人。但是因为在金融机构工作与对玛丽的描述不太相符，这种配对方式不太符合我们的思维捷径，所以很少有人选择 C。

　　这种代表性思维错误体现在投资领域，便是人们常常将一个好的公司与一项好的投资相混淆，倾向于投资那些高速增长的公司的股票。这种投资方式被称为"势头投资"，指的是投资者一般会寻求那些在过去一周、一个月或者一个季度表现较好的股票和共同基金。

　　非常不幸的是，采用"势头投资"的投资者常会产生失望情绪，因为从长期来看，公司倾向于保持平均增长的水平，一家公司经历高速增长后，便会放慢发展的速度，所以股票的表现并没有投资者所预期的那么好。

02　危险当前，宁可相信人类也不相信上帝

熟悉性思维：过多投资熟悉的股票是高风险行为

歪读

一个小伙子独自去登山，爬到山顶后，一不小心，滑了下去，他用双手紧紧抓住山顶上一块突起的岩石。

年轻人大声地呼救："上面有人吗？快救救我！"这时候，上面有个苍老的声音说道："孩子，我是上帝，把手松开，我拉你上来！"

小伙子犹豫了一下，继而又大声喊道："上面还有别的人吗？"

正解

与上帝相比，小伙子显然更熟悉人类，因此在等待被救时，他认为"别的人"更可能使自己获救。投资心理学中的"熟悉性思维"与此几乎如出一辙。

秒懂

对于自己熟悉的事物，人们更容易采取接受的态度，认为接受它们能获得更高的安全感，这便导致人们常常错误地高估自己熟悉之物的投资回报率。例如，你可以从两个赌博游戏中任选其一，这两个赌博游戏的风险是一样的，在做出选择时，多数人会选择参与自己更熟悉的那个游戏。而事实上，即使面对的是那些风险更大的赌博游戏，如果你更熟悉它，你也常会选择这一个。这一心理并不难理解，人们总是将熟悉程度高低与风险大小相提并论，并且认为越熟悉，风险便越小。例如，你对于公司的某个异性并没有激情，

但是如果让这名你熟悉的异性和一名你从未见过、听过的异性放在一起，让你必须从中选择一个结为夫妻，你多半会选择公司里的那名异性。

人们在进行投资时，一般会更愿意购买自己熟悉的公司的股票，如将资金过多地投资于自己所在的公司、当地公司和国内公司的股票，这种思维方式便是"熟悉性思维"。

如果要论及最熟悉的公司，自己工作的公司当然要被放在第一位。由于被"熟悉性思维"所摆布，很多雇员都将自己的养老金投资在了公司的股票上。然而，传统的投资组合理论认为，员工若要获得更高的投资回报率，应该进行分散化投资，即根据他们能够接受的风险程度，将资金分别投入分散化股票、债券或货币市场基金。而将所有的资金都投入自己所在的公司，并不是最理性的投资行为。安然公司未破产前，很多安然公司的员工都将自己的大部分资金投入其中。结果，安然公司宣布破产后，这些员工一下子变得一无所有，十分让人同情。

同样，由于对本国公司更了解一些，很多投资者也会将大部分资金投入本国公司。例如，美国股市占全球股票市值的47%，按照投资组合理论，美国投资者应该将47%的资产投入本国公司。然而根据统计，美国投资者将86%的资产投资到了美国股票上。

当选择外国公司为投资对象的时候，人们会首选自己比较熟悉的外国公司，即产品认可度较高的大型外企。他们认为投资这些公司，自己所面临的风险会更低。

然而，对于你所熟悉的事物，你对它的认识可能会出现偏差。投资者往往认为熟悉的公司比不熟悉的公司收益率更高风险更小，但这一认知显得毫无道理。

"熟悉性思维"对投资者最大的致命伤是，他们将过多的资产投入他们熟悉的公司，导致整个投资的分散性不足，从而使自己的投资行为面临更大的风险。

℘03　朝总统邮票的正面吐口水，
　　　　怪不得总是粘不牢

平均值谬误：过于自信是投资者的致命伤

歪读

　　某国总统认为自己是一名受人爱戴的好总统，于是决定发行一种印有自己头像的邮票，以便提高自己的影响力。邮票发行了一个多月后，总统决定到邮局查看销售情况。

　　总统："销售情况怎样啊？"

　　员工："还不错……只不过有人常常抱怨粘不牢。"

　　总统感到奇怪："怎么会呢？"

　　他便顺手拿起了一枚邮票，在背面吐了一口口水，用力粘在一张纸上。

　　总统："你看，这不是粘得很牢吗？！"

　　员工："可是……大家都……大家都……把口水……吐在正面……"

正解

　　通过人们贴邮票的方式，可以看出人们对于总统怀有厌恶之情。但是总统显然不这么认为，他对于自己的领导魅力非常自信，否则也不会把自己的头像印在邮票上自取其辱了。一般而言，人们对于自己的评价总是比客观事实更加乐观。

⏱ 秒懂

环顾整个投资市场，你会发现过于自信的投资者不计其数。也许你会认为自己并不在此列，在争辩之前，请先做这样一道测试题。

在以下四个选项中，选择你认为最符合自己的一项：

A. 我的智力非常高超，远胜过多数人；

B. 我的智力并不算特别出色，只是中等偏上水平；

C. 我的智力比较弱，只能算是中等偏下水平；

D. 我的智力非常差劲，远弱于多数人。

对于这个题目，绝大多数人都会选择选项 B。既然绝大多数人都是中等偏上的智力水平，那么什么样的才是平均水平呢？在进行诸如此类的判断时，大多数人都会认为自己比平均水平高，这便是"平均值谬误"。在一项关于驾驶技术的调查中，有 80% 的人认为自己的驾驶技术高于平均水平。显然，很多人的想法并不正确。

由此可见，存在过于自信的心理是一种普遍的现象，具体到投资领域，过度自信的投资者也遍地皆是。盖洛普及潘恩·韦伯曾经对 2001 年的个人投资者做过一项调查，调查结果显示，这些投资者在投资中普遍存在过于自信的心理。对于投资而言，过于自信并不是什么好现象，因为这种心理将导致投资者做出包括过度交易、冒险交易在内的错误交易决策，并最终导致投资亏损。

过分自信的投资者通常会表现为频繁地交易，他们不停地买进卖出，对所获得信息的准确性以及自己的判断能力都非常自信。曾有经济学家专门研究过券商的账户数据，发现更高的交易量并不能带来更高的回报。事实上买卖频繁的人平均回报率更低，因为他们支出了大笔的佣金。

过于自信的心理除了导致频繁交易外，还会导致投资者买进错误的股票。他们总是卖出表现好的股票，却买进表现不好的股票。

同时，过于自信的心理还会影响投资者的冒险行为，导致他们低估风险，从而承担更大的风险，如倾向于购买一些来自新公司和小公司的高风险股票、选择比较单一的投资组合等。

P04 懂得用钥匙开假门，
他是"聪明"的精神病人

趋向性效应：出售赢利股票并不总是理性的

歪读

一家精神病院里已经人满为患，院长为了检查一下患者们的恢复情况，便想了一个办法。他在墙上画了一扇门，对所有的患者说："你们谁把这个门打开就可以回家了。"

院长的话音刚落，患者们便蜂拥而上，把画的门围了起来。正当院长失望之时，他看见一个患者坐在自己的位子上纹丝不动。院长非常高兴，他走上前去问道："你为什么不去开门？"

患者神秘地让院长把耳朵凑过来，自豪地说道："我有钥匙。"

正解

人们总会倾向于做一些让自己自豪的事情，因为这是一种比较愉快的情绪体验，"有钥匙"的患者同样如此，他自以为比别人更高明，产生了自豪的心理。投资者同样十分珍视自豪感的获得，然而这种心理倾向常常会导致他们做出不理性的投资举动，如"趋向性效应"。

秒懂

假如一个投资者急需用钱，他手头有两只股票，一只股票已经赢利20%，另一只则亏损了20%。如果该投资者必须要出售其中一只股票，他会选择出售哪只呢？一般而言，人们都会选择出售赢利的股票，这是因为出售赢利的肌票再买进新股票，这表明你先前的投资是明智的，这会让人感觉自豪；而如果亏本出售另一只股票，则证明你先前的投资行为是错误的，人们便会产生懊悔的心理。一般而言，人们都会努力避免那些可能产生懊悔心理的行为，而积极寻求能够产生自豪心理的行为，这便导致投资者倾向于在短时期内出售赢利股票，反而长期持有亏损的股票，这种行为被称为"趋向性效应"。

对于投资者而言，趋向性效应是十分不理性的。因为如果过早出售赢利股票，股票的股价在售出之后还会继续上涨，而长期持有亏损的股票则暗示股票的价格会继续下跌。产生"趋向性效应"后，投资者一般不太可能实现财富最大化的目标，他们获得的投资组合收益率往往较低。

P05　一则精美的广告，让他重新爱上自己的房子

禀赋效应：人们为什么不卖出亏损的股票

歪读

犹太富翁穆拉·纳斯鲁汀有一幢漂亮的房子，但他厌倦了。其实房子是否漂亮是无关紧要的，只要一个人每天都住在同一幢房子里，他总会厌倦。

于是他叫来了一个房地产代理人，告诉他："我想把房子卖了，我已经厌烦了，房子已经变成了地狱。"

第二天，房地产代理人为他在早报上刊登了一则精美的广告。

穆拉·纳斯鲁汀一遍又一遍地读着那则广告，然后给代理人打电话："等等，我不想卖房子了。广告里所说的那套房子正是我一生中一直梦寐以求的，我一直寻找的就是这样的房子。"

正解

犹太商人以精明而闻名于世——应该不会受到"禀赋效应"的影响——但是当看到房地产代理人的溢美之辞后，犹太人也改弦易辙。

秒懂

传统经济理论认为人们为获得某种商品而愿意付出的价格和失去已经拥有的同样的商品所要求的补偿是一样的，即自己作为买者或卖者的身份

不会影响自己对商品的价值评估，但"禀赋效应理论"否认了这一观点。"禀赋效应"认为，当一个人一旦拥有某项物品，那么他对该物品价值的评价要比未拥有之前大大增加。与这种现象紧密相关的一种行为就是人们倾向于持有自己的东西而不愿意进行交换，这种行为被称为"现状偏差"。

经济学家曾发现捕猎野鸭者愿意平均每人支付 247 美元的费用于维持适合野鸭生存的湿地环境，但若要他们放弃在这块湿地捕猎野鸭，他们要求的赔偿却高达平均每人 1044 美元。可见"禀赋效应"的存在会导致买卖双方的心理价格出现偏差，从而影响市场效率。

为了调查"禀赋效应"对人们行为的影响程度，经济学家对大学生做了一个实验。总共有 44 名大学生参与了实验，随机抽取其中的一半人，给他们一张代币券和一份说明书，说明书上写明他们拥有的代币券价值为 x 美元（x 的价值因人而异），试验结束后即可兑付，代币券可以交易，其买卖价格将由交易情况决定。

对于那些得到代币券的学生，实验者让他们从 0～8.75 美元中选择愿意出售的价格。同样，实验者也让没有得到代币券的学生开出他们愿意为代币券支付的价格。当收集到他们的价格后，实验者发现买卖双方预期的价格是相似的，即平均出售价格与购买价格很接近。

随后，实验者用杯子和钢笔分别代替代币券再次进行这一实验，结果却显示，报出的平均卖价可达买价的两倍多。

这个实验直观地证明了"禀赋效应"的存在：人们一旦得到可供自己消费的某物品，他们对该物品赋予的价值就会显著增长。"禀赋效应"是现实市场交易中的普遍现象，经济学家对收藏品市场进行了调查，他们发现：即使是那些对交易市场比较熟悉的投资者，当他们得到一件收藏品后，也很少有人愿意用其交换其他同等价值的收藏品。

对于投资者而言，"禀赋效应"会导致他们倾向于保持自己已经进行的投资。当面对成千上万的公司股票、债券和共同基金时，他们索性选择保持不变。这种行为并不总是那么理性的，因为如果投资者仍然保留已经亏损的股票，这往往会造成更大的损失。

℘06　嗑了药的兔子，奔跑得如此快乐

羊群效应：投资市场上的趋同性心理

歪读

一只小白兔在森林中快乐地奔跑着。在路上，它遇到了一只正在吸大麻的长颈鹿。

小白兔对长颈鹿说："长颈鹿长颈鹿，你为什么要做伤害自己的事情呢？这片森林多么美好，让我们一起在大自然中奔跑吧！"长颈鹿看了看手里的大麻烟，又看了看小白兔充满希望之光的眼睛，它毅然把大麻烟扔向身后，跟着小白兔一起在森林中奔跑。

后来，它们遇到了一只正在准备吸古柯碱的大象。小白兔对大象说："大象大象，你为什么要做伤害自己的事呢？这片森林多么美好，让我们一起在大自然中奔跑吧！"大象看了看古柯碱，又看了看小白兔，把古柯碱向身后一扔，跟着小白兔和长颈鹿在森林中奔跑。

后来它们遇到一只正在准备注射海洛因的狮子。小白兔对狮子说："狮子狮子，你为什么要做伤害自己的事呢？这片森林多么美好，让我们一起在大自然中奔跑吧！"狮子看了看针筒，又看了看小白兔，于是把针筒向身后一扔，冲过去把小白兔狠揍了一顿。看到这一幕，大象和长颈鹿吓得直发抖，它们为小白兔鸣冤道："你为什么要打小白兔呢？它这么好心，让我们放弃毒品而去接近大自然。"狮子愤怒地说："这个混蛋兔子，每次它吃了摇头丸就拉着我像白痴一样在森林里乱跑。"

✅ 正解

长颈鹿和大象并不知道小白兔奔跑的动机，但是在从众心理的鼓动下，却加入了以小白兔为首的奔跑队伍，这种现象与投资心理学中的"羊群效应"如出一辙。

⏱ 秒懂

在一群羊前面横放一根木棍，第一只羊跳了过去，第二只、第三只也会跟着跳过去。这时，把那根棍子撤走，后面的羊走到这里，仍然像前面的羊一样跳过去，尽管拦路的棍子已经不在了，这就是所谓的"羊群效应"，也称为"从众心理"。经济学里经常用"羊群效应"来描述经济个体的从众跟风心理，指的是在信息不对称的情况下，投资者由于对信息缺乏了解，很难对市场未来的不确定性做出合理的预期，便通过观察周围人群的行为来获取信息。在信息的不断传递中，许多人的信息将大致相同且彼此强化，从而产生从众行为。"羊群效应"是由个人理性行为导致的集体的非理性行为的一种非线性机制。

凯恩斯曾经指出："从事股票投资好比参加选美竞赛，谁的选择结果与全体评选者平均爱好最接近，谁就能得奖。因此每个评选者都不选他自己认为最美者，而是运用智力，推测一般人认为最美者。"具体到投资领域，出于归属感、安全感和信息成本的考虑，小投资者往往会采取追随大众和追随领导者的方针，直接模仿大众和领导者的交易决策，以此来规避投资风险。除此之外，系统机制也可能引发"羊群效应"。例如，当资产价格突然下跌造成亏损时，为了追加保证金或者遵守交易规则，一些投资者便不得不将他们持有的资产割仓卖出。如果很多人都投资股票市场，便可能导致投资者能量迅速积聚，从而形成趋同性的"羊群效应"。在追涨的时候大家都蜂拥而至；大盘跳水时，每个人都恐慌出逃，此时极易将股票杀在地板价上。这就是为什么牛市中慢涨快跌，而杀跌又往往一次到位的根本原因。

　　"假如你在绝望时抛售股票，你一定卖得很低。"这是投资大师彼得·林奇的金玉良言。其实当市场处于低迷状态时，正是进行投资布局、等待未来高点收成的绝佳时机。但是由于大多数人存在着"羊群心理"，当大家都对未来悲观时，一些具有最佳成长前景的投资品种也无人问津；等到市场热度增高，大家又争先恐后地进行抢购，随着市场的调整，再一窝蜂地匆忙杀出。可以说，"羊群效应"是大多数投资人都无法克服的投资心理。

P 07   千万记着说"不"

框架效应：快卖涨势股，慢卖跌势股

歪读

——小姐，我可以吻你吗？

——不。

——那，请允许我用胳膊挽着你的腰，好吗？

——不。

——这个，那么，让我握着你的手，总可以吧？

——不。

——小姐，你为什么总是说"不"？

——妈妈说，和男孩子第一次约会时，千万记着什么都要说"不"。

——那么，小姐，你介意我握你的手吗？

——不。

——小姐，你介意我挽着你的腰吗？

——不。

——小姐，你介意我吻你吗？

——嗯……不！

正解

对于同样的要求，男人采取了不同的问法，获得了截然相反的答案，或许你会觉得这种现象很滑稽，然而在股票投资市场上，"快卖涨势股，慢卖跌势股"的现象与上述笑话有着类似的逻辑。

⏱ **秒懂**

"框架效应"是指面对一个问题，两种在逻辑意义上相似的说法却会导致不同的决策判断。在消费领域，当消费者感觉某一价格带来的是"损失"而不是"收益"时，他们对价格就会更敏感。

为了解释"框架效应"，我们来看下面的例子：

在 A 加油站，每升汽油卖 5.6 元，但如果以现金的方式付款，则可以得到每升 0.6 元的折扣；在 B 加油站；每升汽油卖 5.00 元，但如果以信用卡的方式付款，则每升要多付 0.60 元。

显然，从任何一个加油站购买汽油的经济成本是一样的。但大多数人认为：A 加油站要比 B 加油站更吸引人。这是因为，与从 A 加油站购买汽油相联系的心理上的不舒服要比与从 B 加油站购买汽油相联系的心理上的不舒服少一些。A 加油站是与某种"收益"（有折扣）联系在一起的，而 B 加油站则是与某种"损失"（要加价）联系在一起的。

研究发现：上述差异的原因是当衡量一个交易时，人们对于"损失"的重视要比同等的"收益"大得多。

再看下面两个关于选择的题目：

A. 一笔生意稳赚 800 美元；

B. 一笔生意有 85% 的机会赚 1000 美元，但也有 15% 的可能分文不赚；

C. 一笔生意稳赔 800 美元；

D. 一笔生意有 85% 的可能赔 1000 美元，但也有 15% 的可能不赔钱。

结果表明，在第一种情况下，84% 的人选择稳赚 800 美元，表现在对风险的规避，而在第二种情况下 87% 的人则倾向于选择"有 85% 的可能赔 1000 美元，但相应地也有 15% 的可能不赔钱"的那笔生意，表现为对风险的寻求。

经济决策的理论历来认为，人从根本上来说是理性的。然而，人类在许多方面有非理性的特征，收益和损失完全是以认知参照点为依据的，参照点不一样，人们决策的方式也不一样：面临收益时人们会小心翼翼选择风险规避；面临损失时人们甘愿冒风险。

在股票投资市场上，当股价上涨的时候，人们为了获得稳定收益，很快就把股票卖出；而当股价下跌的时候，人们总是怀着"股价还会上涨"的心理，采取了风险偏好的做法，死死地抓住跌势股。这种心理往往导致人们遭受到更大的损失。

$\mathcal{P}$08　把钱抛向天空，就是献给上帝吗？

心理账户：将某笔账算到某件事情或者某个人的头上

歪读

有一个流浪汉，他无意中买的一张彩票中了头奖。当他来到教堂祷告时说："神父，我有罪啊！我本想把钱都献给上帝的。"

神父说："那很好，主会祝福你的。"

流浪汉接着说："但是，我把钱抛向天空，上帝他却总是不拿呀！"

神父："……"

正解

对于意外之财，流浪汉准备把它献给上帝（尽管只是虚伪的慈善），如果这些钱是流浪汉通过劳动所得，他便不会想到关上帝什么事了。可见，虽然同样是钱，但是如果钱的来源不同，人们便会区别对待。

秒懂

"心理账户"是行为经济学中的一个重要概念，最早由芝加哥大学行为科学教授查德·塞勒所提出，是指对于总体经济账户上的进出项记录，人们将它们记录到若干个不同的心理分录科目。也就是说，人们自发地对自己所获得的金钱分门别类，以致针对不同的类别采取不同的态度。通俗地来说，即"将某笔账算到某件事情或者某个人的头上"。例如，你这个月意外地获得了1000块钱的奖金，由于认为这是出乎意料的财富，你多半会很快地将它们花光，如花 800 块钱买一条心仪的领带。但是如果这 1000 块钱是以获取工资的方式获得的，你大概就不会这么大方了，也许会谨慎盘算一下如何使用它们。正是由于把 1000 块钱归类到了不同的心理账户，所以你的消费行为截然不同。

关于心理账户，塞勒教授讲过这样一段亲身经历——

有一次他去瑞士讲课，获得了不错的讲课报酬。他很高兴，便在讲课之余在瑞士进行了一次旅行。虽然瑞士是全世界物价最贵的国家，但是教授仍然对这趟旅行非常满意，觉得物超所值。

后来，塞勒有一次去英国讲课，也获得了不错的报酬，于是又去瑞士旅行。可是这一次旅行却让塞勒感觉非常不舒服，他觉得瑞士的物价太高了。

为什么同样是去瑞士旅行，花同样的钱，前后两次的感受完全不一样呢？原因就在于，第一次旅行时，塞勒把在瑞士赚的钱与消费的钱放在了一个账户上；第二次旅行则不是这样，他把从英国赚的钱放在了瑞士的账户上。所以他觉得，第二次的旅行没有第一次旅行愉快。

按照常理来说，我们都有两个账户，一个是经济学账户，一个是心理账户。在经济学账户里，只要绝对量相同，每一块钱是可以替代的；在心理账户里，人们对每一元钱并不是一视同仁的，而是根据钱的不同来源，对"去往何处"采取了不同的态度。一般而言，心理账户有如下 3 种情形：

（1）将各期的收入或者各种不同方式的收入分在不同的账户中，不能相互填补；

（2）将不同来源的收入做不同的消费倾向；

（3）用不同的态度来对待不同数量的收入。

由于心理账户的存在，个体在做决策时往往会违背一些简单的经济运算法则，从而做出许多非理性的消费行为。例如，如果一个人偶然从股市上赚了很多钱，在随后的投资行为中，他便会采取风险更大的投资决策。这种冒进的行为常会导致投资者输掉大量的金钱。

P09　1000 法郎生下两张 10 法郎后，不幸产后身亡

赌徒心理：执迷于随机的成功

歪读

有一个人是个名副其实的赌徒，总幻想在赌桌前发财致富。一天，他拿了一张面值为 1000 法郎的钞票去赌博，几个小时后，他回来了。妻子忙问："那张大票子生孩子没有？""生了，生了，"赌徒从衣袋里掏出两张十法郎的钞票，哭丧着脸说，"不幸的是，它们的母亲产后去世了。"

正解

有一些人沉迷于赌博游戏，是因为在每一场赌局开始前，他们都幻想着自己是下一个超级赢家。虽然获胜只是小概率事件，但是他们总会认为

自己便是下一个幸运儿。

⏱ 秒懂

斯金纳是新行为主义心理学的创始人之一，他曾经在著名的斯金纳箱（一种动物实验仪器，箱内设有一杠杆或键，动物在箱内可以自由活动，当它压杠杆或啄键时，就会有一团食物掉进箱子下方的盘中，动物就能吃到食物）中做过一个关于操作性条件反射的实验。在最初的实验中，箱子中的小白鼠每按 30 次按钮就可以吃到食物。而在随后的实验中，小白鼠是否获得食物与按钮次数无关，随机获得食物。

实验发现，在最初的实验中，小白鼠得到食物后，会休息一会儿，必要时再持续按键；而在随后的实验中，由于小白鼠无法预测食物什么时候滚出来，便不断地按键，如果某次按键后滚出的食物特别多，或者长时间食物没有滚出来，小白鼠按键的积极性会更加高涨。

想想赌徒的行为，可以发现现实世界的赌徒与这只小白鼠的心理相差无二：当某个赌徒在某次的牌局中赢了较多的钱后，他并不会就此收手，反而会继续赌下去，因为他幻想着更好的运气，期望能够赢回更多的金钱；当一个赌徒长久输钱后，也会继续把赌博游戏坚持下去，因为他总认为也许下一局就彻底赢回来了。这也是为什么很多人好赌成性的原因所在，不管他们此时是输家还是赢家，他们都无法从赌局中抽身而出，因为他们期望着随机获得更大的利益。

相对操作必然引发行为结果的规则，一些与概率相关的获得能激发人们更大的操作积极性。所以，总是有很多的人醉心于股票投资，前仆后继地投入到这个高风险的游戏中。

P10　是时来运转，还是祸不单行？

赌徒谬误：3 个跌停板之后，市场不一定会反弹

歪读

有个蔬菜商驾车送货时撞伤了一名老妇人，老妇人便将他告上了法庭，蔬菜商为此付出了很大一笔补偿费。几周以后，蔬菜商的货车又撞倒一位老绅士，这位绅士同样诉诸法律而获得了一大笔赔偿金，而蔬菜商则几乎被带入破产的境地。

一天，蔬菜商正在家里闲坐，他的儿子风风火火地跑了进来："爸爸！"孩子喊道，"不好了，妈妈被一辆旅行车压死了……"

顿时，蔬菜商眼里涌出了两行热泪，激动地说："我终于时来运转了！"

正解

所谓的"时来运转"便包含着"风水轮流转"的心理推理，然而科学理论告诉我们，当你持续走背运时，你并不一定会反弹走好运。

秒懂

关于好运气和坏运气的转换，人们常有这样的推理：遇到持续的坏运气后，便会想当然地认为自己该走运了，因为风水轮流转，一个人不可能总是倒霉。然而，事实上，这是一种不合逻辑的推理方式，认为一系列事件的结果都在某种程度上隐含了相关的关系，即如果事件 A 的结果影响到事件 B，那么就说 B 是"依赖"于 A 的，这便是心理学中的"赌徒谬误"。

例如，如果一个赌徒一晚上手气都很差，便会认为再过几次之后自己就会成为赢家；股市大盘连续上涨 4 天后，人们便会做出下跌的预测；经历连续几天的好天气后，人们就会担心随后会下大雨。

为了更好地诠释"赌徒谬误"，我们可以用重复抛硬币的例子来说明。抛硬币时，正面朝上的机会是 0.5（1/2）；连续 2 次抛出正面的机会是 0.5×0.5=0.25（1/4）；连续 3 次抛出正面的机会率为 0.5×0.5×0.5= 0.125（1/8），以此类推。

现在假设，我们已经连续 4 次抛出正面。发生赌徒谬误的人说："如果下一次再抛出正面，就是连续 5 次。连抛 5 次正面的机会率是（1/2）5 = 1/32。所以，下一次抛出正面的机会只有 1/32。"

以上论证步骤看似正确，其实是非常错误的。假如硬币公平，抛出反面的机会率永远等于 0.5，不会增加或减少，抛出正面的机会率同样永远等于 0.5。连续抛出 5 次正面的机会率等于 1/32（0.03125），但这是指未抛出第 1 次之前。抛出 4 次正面之后，由于结果已知，不在计算之内。无论硬币抛出过多次和结果如何，下一次抛出正面和反面的机会率仍然相等。实际上，计算出 1/32 机会率是基于前 4 次出正反面机会均等的假设。因为之前抛出了多次正面，而论证这一次抛出反面机会较大，属于推理谬误。这种逻辑只在硬币第 1 次抛出之前有效。

在期货市场上，3 次跌停板之后，为什么会有很多投资者认为市场会反弹？因为投资者认为否极泰来是事物发展必然的趋势，而实际上这一思维方式等同于"赌徒谬误"。结果，由于秉持这一观点，很多有经验的投资者都死于趋势行情说。

11 这个问题在你那值 100 美元，在我这只值 5 美元

赌场的钱效应与蛇咬效应：为什么赌博让人们欲罢不能

歪读

一天，在一班长途飞机上，机长在休息时想与一位空姐搭讪，然而空姐并没有兴趣理会机长，只是自顾自地翻阅手里的杂志。

于是，机长说："我们来玩个游戏吧。"

空姐仍然无动于衷

机长接着说："游戏是这么玩的，我问你一个问题，如果你回答不出来，你就给我 5 美元，然后你再问我一问题，如果我不知道答案，我就给你 5 美元。"

空姐依然不屑一顾。

机长觉得很没趣，然后又加大筹码："这样吧，如果你回答不出来，你给我 5 美元，如果我回答不出来，我给你 100 美元。"

空姐放下杂志，盯着机长看了 5 秒钟，然后说："好，那你问吧。"

机长问道："波音 747 的巡航速度是多少？"

空姐想了一下，掏出 5 美元给机长。

机长收起了 5 美元，得意地说："该你问了。"

空姐问道："3 个眼睛、6 个鼻子、9 条腿还有尾巴的是什么？"

机长想了半天，掏出 100 美元给空姐，空姐很从容地收下了。

机长觉得很不服气，就追问道："答案到底是什么？"

空姐掏出 5 美元给机长，继续看她的杂志。

✔ 正解

人们常会热衷于赌博游戏，除了每个人都在认为自己会是下一个赢家外，还因为受到了"赌场的钱效应"与"蛇咬效应"的影响。

⏱ 秒懂

请看这样一个关于抛硬币的赌博游戏：如果抛出正面你就赢 20 美元，如果抛出反面你就输 20 美元。有如下两种情况：其一，你已经赢了 20 美元；其二，你已经输了 20 美元。请问哪一种处境更可能导致你参与这个赌博游戏？

很多人都表示如果自己已经赢了 20 美元的话，参与这个游戏的热情度会更高，如果已经输了钱，他们放弃参与游戏的可能性更大。其实不论处于哪一种情境中，参与者所承受的风险都是相同的，然而由于客观前提条件不同，导致人们对风险的感知出现了变化。

一般而言，人们在获得收益和利润之后，他们愿意承担更大的风险，产生更高的风险偏好，这种行为便是"赌场的钱效应"，即人们在赢了钱后，往往并不会把这些钱视为自己的，他们会倾向于采取冒险的投资行为，就好像用赌场的钱赌博一样。

与此相反，人们在输了钱以后，常会变得小心谨慎，不太愿意继续冒险，这种行为被称为"蛇咬效应"。当人们经历了亏损后，便会顺理成章地认为自己非常倒霉，从而会在这种时刻规避风险。

不过，关于亏损以后的风险感知，并不完全如"蛇咬效应"所揭示的那样。有的人在经历亏损以后，反而会寻找新的机会以弥补损失，他们会选择参与风险和收益都比较高的赌博游戏，以期一把翻本，这种行为则是"试图翻本效应"。

赌博游戏让人欲罢不能的原因便在于：赢了钱的人继续冒险是因为他们觉得自己不过是在用赌场的钱赌博；而那些输了的人则非常不甘心，总是试图在下一局就把输掉的全部赢回来。

对于投资者而言，"赌场的钱效应"导致他们冒进地买入风险较大的股票，"蛇咬效应"则使得他们的投资过于保守，高估了投资某只股票的风险。

12 没有中奖的人，不会对一头死驴表示不满

最大笨蛋理论：只要存在一个更大的笨蛋，你便不会投资失败

🐼 歪读

一个城里男孩 Kenny 移居到了乡下，从一个农民那里花 700 元买了一头驴，这个农民同意第二天把驴带来给他。第二天农民来找 Kenny，说："对不起，小伙子，我有一个坏消息要告诉你，那头驴死了。"

Kenny 回答："好吧，你把钱还给我就行了！"

农民说："不行，我不能把钱还给你，我已经把钱给花掉了。"

Kenny 说："OK，那么就把那头死驴给我吧！"

农民很纳闷："你要那头死驴干吗？"

Kenny 说："我可以用那头死驴作为幸运抽奖的奖品。"

农民叫了起来："你不可能把一头死驴作为抽奖奖品，没有人会要它的。"

Kenny 回答："别担心，看我的。我不告诉任何人这头驴是死的就行了！"

几个月以后，农民遇到了 Kenny。

农民问他："那头死驴后来怎么样了？"

Kenny 说："我举办了一次幸运抽奖，并把那头驴作为奖品，我卖出了500 张票，每张 2 块钱，就这样我赚了 998 块钱！"

农民好奇地问："难道没有人对此表示不满？"

Kenny 回答："只有那个中奖的人表示不满，所以我把他买票的钱还给了他！"

许多年后，长大了的 Kenny 成为了安然公司的总裁。

✅ 正解

在 Kenny 看来，所有参加抽奖的人都是笨蛋，成功投资的前提便建立在这样的事实上：至少有一个比投资者更大的笨蛋参与了投资。

⏱ 秒懂

"最大笨蛋理论"是由经济学家凯恩斯提出的一个概念。

1908—1914 年期间，凯恩斯什么课都讲：经济学原理、货币理论、证券投资等。他因此获得的评价是"一架按小时出售经济学的机器"。凯恩斯赚课时费的动机是为了日后能自由而专注地从事学术研究免受金钱的困扰。然而，仅靠赚课时费是讲到吐血也积攒不了几个钱的。

凯恩斯终于明白了这个道理，于是在 1919 年 8 月借了几千英镑开始做远期外汇投机。仅 4 个月时间，他就净赚一万多英镑，这在当时相当于他讲课 10 年的收入。投机客往往有这样的经历：开始那一跳往往有惊无险，钱就这样莫名其妙地进了自己的腰包。然而就在他飘飘然之际，却忽然掉进了万丈深渊。3 个月之后，凯恩斯把赚到的钱和借来的本金亏了个精光。赌徒往往有这样的心理：要从赌桌上把输掉的赢回来。7 个月之后，凯恩斯又涉足棉花期货交易，狂赌一通并大获成功。受此刺激，他把期货品种做了个遍。还嫌不过瘾，就去炒股票。在十几年的时间里，他已赚得盆满钵满。到 1937 年他因病金盆洗手的时候，已经积攒起一生享用不完的巨额财富。与一般赌徒不同，他给后人留下了极富魅力的赌经———"最大笨蛋理论"，这可以视为他投机活动的副产品。

"最大笨蛋理论"也叫"博傻理论"，是指在资本市场上，人们之所以完全不管某个东西的真实价值而愿意花高价购买，是因为他们预期有一个更大的笨蛋会花更高的价格从他们那儿把它买走。

为了诠释"最大笨蛋理论"，凯恩斯举了这样一个例子：从 100 张照片中选择你认为最漂亮的脸，选中有奖。当然最终是由最高票数来决定哪张脸最漂亮。你应该怎样投票呢？正确的做法不是选自己真的认为最漂亮的那张脸，而是猜多数人会选谁就投她一票。这就是说，投机行为应建立在对大众心理的猜测之上。从某种程度上来说，购买期货和证券就是一种投资行为或赌博行为。例如，你不知道某个股票的真实价值，但为什么你愿意花 20 元买走 1 股呢？因为你预期有人会花更高的价钱从你那儿把它买走。这就是凯恩斯所谓的"最大笨蛋理论"。

"最大笨蛋理论"揭示了投机行为背后的动机，投机行为的关键是判断"有没有比自己更大的笨蛋"，只要自己不是最大的笨蛋，那么自己就一定是赢家，只是赢多赢少的问题。如果再没有一个愿意出更高价格的更大笨蛋来做你的"下家"，那么你就成了最大的笨蛋。可以这样说，每个投机者信奉的都是"最大的笨蛋"理论。

1720 年，英国股票投机狂潮中有这样一个插曲：一个无名氏创建了一家莫须有的公司。虽然没有人知道这是一家什么公司，但是竟然有近千名的投资者蜂拥而至，踊跃地购买该公司发行的股票。没有多少人相信自己能真正获取丰厚的收益，可是看着大家争相购买之势，每个人都预期会有一个更大的笨蛋出现，造成股价上涨，自己从中获利。十分有意思的是，牛顿也是狂热的投机者之一，但是他最终成了最大的笨蛋。这名科学巨匠感叹道："我能计算出天体运行，但人们的疯狂实在难以估计。"

P13 不如试一试婚外情

边际效用递减法则：拥有的越多，继续拥有体会到的满足感就越低

歪读

"新婚的激情已经消退了。"甲对乙诉苦。

"那干吗不来点刺激的，比如说婚外情什么的？"乙对甲建议。

"如果我妻子知道了怎么办？"

"这都什么年代了，直接告诉她不就得了。"

于是甲回到家中对妻子说："亲爱的，我想一次婚外情会使我们更爱对方的。"

"快放弃这个愚蠢的念头吧，"妻子说："我已经试过了——根本就不灵！"

正解

婚姻有所谓的"七年之痒"，彼此的激情会随着婚龄的增加而与日剧减。这种现象的产生除了与人们与生俱来的喜新厌旧之情相关外，还因为"边际效应递减法则"操纵了人们的心理感受。

秒懂

"边际效用"是指消费者从一单位新增物品或服务中得到的效用。"边际效用递减法则"是指在一定时间内，随着消费某种商品数量的不断增加，消费者从中得到的总效用是在增加的，但却是以递减的速度增加的，即边

际效用是递减的。当商品消费量达到一定程度后，总效用达到最大值，边际效用为零，如果继续增加消费，总效用不但不会增加，反而会逐渐减少，此时边际效用变为负数。

关于边际价值理论，奥地利经济学家提供了一个很精彩的描述，简单地解释为：一个农民开拓者拥有几大袋的谷物，不能卖掉，也不能用于市场交换。对于这五袋谷物，他有几个可能的用途：作为主食以便长力气、喂养小鸡来改善伙食、酿造威士忌和喂养鹦鹉娱乐。然而某一天，他丢了一袋谷物，他并不会减少其他用途的量，而是让鹦鹉少吃点，因为，喂食鹦鹉带来的效用最小。换句话说，这就是边际。正是基于边际，人们做出经济决策，而不是其他的什么美妙东西。"边际效用递减法则"是指每一新增的货物的边际效用要低于前一个的。

有人做过一个实验，一个没有鞋穿的人意外得到一双鞋，让他给这双鞋子评分，不管它是否时髦，是否适合他，他都会立刻给这双雪中送炭的鞋子高分。接下来惊喜不断，他有机会不断得到鞋子，但是他继续给后来的鞋子评分时，分数却越来越低。"下一双鞋"带给他的满足感逐渐递减，这就是"边际效用递减法则"。这一规律告诉我们：对物品价值的认识不是来源于物品本身，而是通过使自己的需求、欲望得到的满足程度来主观地体验的。

借助"边际效用递减法则"，你也就可以理解为什么相比于锦上添花，雪中送炭能使对方更加对你感恩戴德了。因为对于身家丰厚的富人，即使你赠予了对方价值不菲的礼物，但由于对方已经拥有了很多的财富，对于获得礼物的满足感处于边际效用较低的阶段，你所赠予的礼物只能让其体会到微薄的满足感。可是对于那些一无所有的穷人，也许你只是赠送了不起眼的小礼物，但由于对方拥有的物资很少，对于获得物品的满足感仍然处于边际效用较高的阶段，你微薄的礼物也会让他感到莫大的欢喜。

14 每天 500 法郎租来的房子，不能让它整天空着

沉没成本：为什么人们会强忍着看完不喜欢的电影

歪读

一位妇女从巴黎回来，向丈夫诉苦道："在巴黎，每天我要付 500 法郎的房租，太贵了。"

丈夫点头表示同意，说："500 法郎的确太贵了。不过你在巴黎呆了 15 天，一定看到很多好东西吧？讲一些给我听听。"

"好东西？"妻子叫了起来，"我什么也没看到。我可不能每天花费 500 法郎房租，却让房间整天空着！"

正解

妻子已经花费了 500 法郎支付房租，这些钱已经不可能收回，按照经济学的观点，这种支出便是"沉没成本"。面对"沉没成本"，很多人都像笑话中的妻子一样，不理性地付出了更大的代价。

秒懂

"沉没成本"是指由于过去的决策已经发生，而不能由现在或将来的任何决策改变的成本。人们在决定是否去做一件事情时，不仅是看这件事对自己有没有好处，也要看过去是不是已经在这件事情上有过投入。这些已经发生的、不可收回的支出，如时间、金钱、精力等统称为"沉没成本"。

举例来说，如果你购买了一张电影票，这张票既不能退回也无法转让，此时你为电影票支付的钱已经注定不能收回，你为电影票支付的金钱便是一种"沉没成本"。

斯蒂格利茨教授是 2001 年诺贝尔经济学奖得主。他在《经济学》一书中说："如果一项开支已经付出并且不管做出何种选择都不能收回，一个理性的人就会忽略它。"例如，前面提到的看电影的例子中，会有两种可能结果：

（1）入场后发觉电影不好看，但是在煎熬中看完整场电影；

（2）入场后发觉电影不好看，中途退场去做其他的事情。

在这两种情况下，你都无法收回购买电影票的钱，所以考虑沉没成本是于事无补的。如果你为买票这一行为而感到后悔，那么你当前的决定应该是基于你是否想继续看这部电影，而不是你为这部电影付了多少钱。此时的决定不应该考虑到买票的事，而应该以看免费电影的心态来作判断。所以，理性的选择应该是中途退场，否则你不仅花了冤枉钱，还浪费了时间。

然而，在面对沉没成本时，很多人都会做出非理性的选择，这是因为他们对"浪费"资源感到担忧害怕，这种心理被称为"损失厌恶"。所以他们会强迫自己看完一场十分乏味的电影，当采取这种行为后，便发生了"沉没成本谬误"。

P15　给小费的好处就是，以免破大财

棘轮效应：人的消费习惯形成之后具有不可逆性

歪读

一位男子匆匆跑进一家服装店，对店员说："我给你100美元小费，请你暂时把橱窗里的那件名贵大衣收起来好吗？"

店员看在小费的分上答应了，却不解地问道："这是为什么呢？"

男子说："等一会儿我的女朋友要来买大衣。"

正解

男人的行为看似小气，但是却有防微杜渐的作用。因为一旦男人为女朋友购买了这件名贵的大衣，过一段时间后，女朋友很可能还会要求男人为其购买更名贵的大衣。

秒懂

宋代政治家和文学家司马光写过一封名为《训俭示康》的家书。他在这封家书中警示自己的子孙："由俭入奢易，由奢入俭难。俭，德之共也；侈，恶之大也。"

与司马光的思想一脉相承，经济学中有一个叫做"棘轮效应"的专属名词。所谓"棘轮效应"，是指人的消费习惯形成之后具有不可逆性，易于向上调整，而很难向下调整，尤其是在短期内，消费更是不可逆的。

人们的消费并不取决于他们此时的收入，而是由过去的高峰收入所决

定的。也就是说，人们一旦形成高消费的习惯后，即使已经失去了享受高消费的经济条件，一时之间也很难降低自己的消费标准，无法对自己目前的经济环境做出妥协。

古典经济学家凯恩斯主张消费是可逆的，即绝对收入水平变动必然立即引起消费水平的变化。经济学家杜森贝却不这么想，他认为凯恩斯的观点并不符合现实情况，因为消费决策不可能是一种理想的计划，它还与人们的消费习惯紧密相关。这种消费习惯受许多因素影响，如生理和社会需要、个人的经历、个人经历的后果等。特别是个人在收入最高期所达到的消费标准对消费习惯的形成会产生很大的影响。

在科学人文领域，同样存在这样一种效应，即科学精英一旦因为自己的工作而获得某种承认与地位后，就再也不会退回到原来的地位，这就像有棘爪防止倒转的棘轮一样，他们将永远被赋予最高荣誉。

"棘轮效应"表明科学界分层结构中的流动是单向的，科学家的地位只会升迁而不会降格，这种效应在科学金字塔结构的高层表现得更为突出。

美国社会学家朱克曼对很多美国诺贝尔奖获得者进行了研究。他指出："一旦成为一个诺贝尔奖获得者，不论是好是坏，都将稳固地居于科学界的精英行列。"

爱情心理学篇

——读不懂对方的心，你就等着单身一辈子

P01　别再称呼她丑八怪，她现在是你的妻子

男人选择貌美的女人，女人选择值得托付的男人

歪读

一对青年男女刚从结婚登记处领证回来，他们在路上交谈着。

男人得意地说："亲爱的，你真美！不过出于良心，现在我得告诉你，上次我领你来我家里看的那套红木家具，以及华丽的摆设，我都是向别人家借来的。"

女人说："没关系。出于良心，我现在也得如实告诉你，刚才登记证上写的是我姐姐的名字。"

男人大吃一惊："是上次在你家看到的那个令人讨厌的丑八怪吗？"

女人："千万别再这样称呼她了，她现在是你的妻子啦！"

正解

在婚姻市场上，男人的身价取决于他的经济地位和社会地位，女人的身价则与她的长相相关。

秒懂

与女性相比，男性在生理、心理上占据着更大的优势。这种性差优势造成了男性自强、自立的心理，导致他们在选择结婚对象时，在潜意识里只是把女性视为自己的附属物。他们不是很在乎女性所拥有的身外之物，而是更加看重女性的外貌和身材，倾向于选择能够吸引自己的女性为终身

伴侣。女性形体方面的吸引力在男性择偶中尤为重要，男性更多使用性吸引标准，常把女性的形体魅力放在第一位。

除了外表条件外，男性还钟情于具有良好性情的女性，贤良淑德的女性能容易让男性喜欢自己。这是因为，女性的天然性情是婚姻的生活现实性和感情稳定性的基础，是缔结良缘的可靠保证。男性在考虑婚姻时，除了希望伴侣能满足自己的感情需要外，还希望对方能为自己营造一个有助于事业发展的家庭环境。

女性在选择结婚对象时，与男性的择偶标准截然不同。女性对于婚姻多存在托付心理，认为自己的幸福完全操纵在未来夫婿的手里。由于被"嫁鸡随鸡嫁狗随狗"的观念所左右，女性在择偶时，总是会谨慎考虑男性所拥有的外在之物，看其是否能为自己提供相对不错的经济保证。其次，男性的情欲具有冲动型与不稳定性的特征，这对维护家庭的稳定非常不利。为了降低家庭瓦解的风险，女性还会慎重考虑男子的思想道德，希望能够拥有忠诚的爱人和安定宁静的家庭。

对于婚姻，女性一般都抱着"投资"的心理。她们放眼未来，衡量双方的关系比较现实，对于夫妻间的感情契合度要求十分严格。因此在现实生活中，一些女性会选择与喜欢的人谈恋爱，但转身之后，却嫁给一位经济条件和社会条件相对比较优越的男性。

P02　我一直把你当成自己的一部分：盲肠

爱情的起源：追寻"完美之我"

歪读

一天，丈夫在专心看书，而妻子则在一边看电视。这时，电视屏幕上出现一对恋人，男人对女人说："亲爱的，我一直把你当成自己的一部分。"

妻子听后，很受感动。于是，她对专心致志的丈夫说："喂！你看，电视上的那个男人多么浪漫，你什么时候把我当做你身体的一部分了？"

丈夫非常厌烦妻子看电视机还干扰他看书，就毫不理会。

"喂！我在问你呐！到底我是你身体的哪一部分呀？"

丈夫不耐烦地回答说："盲肠！"

正解

"我一直把你当成自己的一部分"——这并不只是男女之间的浪漫之语。对于真心相爱的男女而言，这一话语隐藏着爱情产生的秘密。

秒懂

瑞士著名心理学家、精神分析学家荣格认为，每个人都身具"显性"与"隐性"（或称"影子"）人格。也就是说，每个人除了表现外在众人所见的"显性人格"外，还有个正好相反、潜藏心底的"影子人格"。例如，"分析型"者的影子人格是"感觉型"。通常，"分析型"者着重逻辑思考与客观评断，但是当他在强调与表现"理性"时，便不知不觉地把自己细腻多情"感性"

部分的人格，压抑到潜意识深处，变成隐性的"影子人格"。

"显性人格"的形成与先天因素有极大的关系，但也受到后天因素的影响。例如，男性成长过程中，多被要求"喜怒不形于色""好汉打落牙和血吞"，他人格中多情易感的部分便被深深压抑到潜意识中变成"影子人格"。

当在人群中，一个人发现了一个具有自己"影子人格"的异性时，看到对方彰显出自己所缺乏的（或已经潜抑、消逝的）人格特质，便会产生一种欢喜雀跃的感觉。例如，一个"分析型"的男人遇到了一个"感性型"的女性时，便会感觉被自己深深隐藏的"影子人格"重见天日，好像有一股活泼新鲜的生命力从外界注入，以致被对方深深吸引，认为对方就是自己一直在寻找的"真命天女"。这个异性相吸，彼此各得一线生命契机，使自己尘封枯萎的"影子人格"重见天日，得到露水滋润，与自己"显性人格"整合，发展出一个较完全、较成熟人格的过程，就是所谓的对于"完整之我"的追寻。

然而，人要找到一个"完整之我"并不是那么容易的，这是一个艰巨的过程，个体要付出不菲的代价。因此，恋爱的男女当经历了蜜月期的热恋后，常常会不断爆发冲突，发现对方具备很多自己所无法容忍或不赞成的人格特质和思维方式，这便需要双方经历一个感情的"磨合期"。只有通过"磨合期"的考验，他们的爱情才算真正修成正果了，也就是说，彼此共同发展出了一个"完整之我"。

从某种意义上来看，每个人在爱情征途上所寻找的都是另一个自己，一个具有自己"影子人格"的未来伴侣。

$\mathcal{P}$03 比尔·盖茨的女婿，当然会是世界银行的副总裁

般配是亲密关系的普遍法则

歪读

杰克是一位优秀的商人，有一天他告诉他的儿子——

杰克：我已经为你选好了一个女孩子，我要你娶她。

儿子：我自己要娶的新娘我自己会决定。

杰克：但我说的这女孩可是比尔·盖茨的女儿喔！

儿子：哇！那这样的话……

在一个聚会中，杰克走向比尔·盖茨——

杰克：我来帮你女儿介绍个好丈夫。

比尔：我女儿还没想嫁人呢！

杰克：但我说的这年轻人可是世界银行的副总裁喔！

比尔：哇！那这样的话……

接着，杰克去见世界银行的总裁——

杰克：我想介绍一位年轻人来当贵行的副总裁。

总裁：我们已经有很多位副总裁，够多了。

杰克：但我说的这年轻人可是比尔·盖茨的女婿喔！

总裁：哇！那这样的话……

最后，杰克的儿子既娶了比尔·盖茨的女儿，又当上了世界银行的副总裁。

✅ 正解

杰克儿子的婚姻显然是一种门当户对的亲密关系。也许有人会说这种婚姻关系不存在真正的爱情，但是即使是真正的爱情，也符合般配的原则。

⏱ 秒懂

当一个人通过婚恋机构寻找自己的意中人时，一般会得到潜在约会对象的背景资料。然而，面对很多的备选对象，人们会倾向于选择什么样的伴侣呢？答案是外表对自己较有吸引力的约会对象。在已经建立起来的亲密关系中，伴侣之间的外表吸引力水平是相似的，他们的长相是匹配的，这种现象便是关于爱情的般配现象。

般配现象说明，一个人为了成功地建立亲密关系，多半会追求与自己相似的伴侣。这种心理特征可用公式表示为：

值得拥有的程度 ＝ 外表的吸引力 × 被接受的可能性

也就是说，对于其他条件相同的备选对象，人们多半会追求外表有吸引力的伴侣。不过，如果一个人虽然拥有较有优势的外在条件，但却意识到对方根本不喜欢自己，便会退而求其次，选择那些不那么有外在吸引力却喜欢自己的人。

当然，有的人会认为现实生活中的很多亲密关系并不符合般配原则。例如，他们会提出这样的反例：一个20多岁的美艳女子嫁给了一个老态龙钟的亿万富翁。其实，这种亲密关系模式正体现了般配原则——女子用美貌换取金钱，富翁则用金钱换取美貌。亲密关系中的般配并不只是关乎外表的吸引力，而是适用于更广泛的领域，财富、权力、健康、智慧和长相一样，都可以被视为人们在婚恋市场上所拥有的资本，每个人用自己的资源交换对方的资源。例如，一位有着不错收入的较有身份的男士多半会选择年轻貌美的女孩，这便是一种般配现象。

　　亲密关系中存在的般配原则导致人们喜欢与自己相像的人，有着相似背景、个性、外表吸引力和态度的人们更有可能彼此吸引。

　　一些爱情的信徒也许会反对般配观，认为这种"门当户对"的观念是对爱情的侮辱。他们信仰没有任何条件的爱情，觉得这种爱情是超越了任何外在之物的圣洁之情。然而，般配原则是一个普遍的规则，大多数的爱情都逃不脱这样的逻辑，即使王子和灰姑娘也是如此——王子与灰姑娘显然是"门不当户不对"的，但是灰姑娘拥有让人垂涎的美貌，她的美貌正好与王子的财富和地位相匹敌。从根本上来看，这也是一种般配选择。

P04   丈夫开劳斯莱斯，妻子却穿溜冰鞋

爱情态度理论：爱情是一个人对另外一个人的某种特殊的想法与态度

歪读

一天，上帝接见了刚来天堂报到的三个人，并根据他们在人间对妻子的忠诚程度，发给他们在天堂的交通工具。

第一个人是个花心大萝卜，经常寻花问柳，上帝发给了他一双溜冰鞋。

第二人时常出去找情人，上帝发给了他一辆自行车。

第三个人对妻子从一而终，上帝给了他一辆劳斯莱斯，并提名他为天堂的榜样。

上帝接见完这三个人后，第三个人开着他的劳斯莱斯兴高采烈地回去了，第一个人和第二个人则垂头丧气地回家了。

穿溜冰鞋的人在半路上遇见了开劳斯莱斯的人，只见他靠在车旁放声大哭。穿溜冰鞋的人问道：“你得到了一辆车，还哭什么啊？”

“不是，我看见我妻子了！”

“看见妻子你哭什么？”

“她……她穿着一双溜冰鞋！”

正解

对于建立亲密关系的双方而言，面对不忠是极为痛苦的情绪体验，因为人们对于爱情的态度便包含着“排他和独占”的成分，不忠的行为显然背叛了爱情的本质。

⏱ 秒懂

美国社会心理学家鲁宾（Zick Rubin）曾在 20 世纪 70 年代给出一个关于爱情的定义。他指出，爱情是一个人对另一个人的某种特殊的想法与态度，它是各种人际关系中最深层次的情感维系，不仅包含审美、激情等心理因素，而且还包括生理激起与共同生活的愿望等复杂的因素。

鲁宾假设爱情是可以被测量的独立概念，可将其视为一个人对特定他人的多面性态度。在爱情研究领域，鲁宾是第一个通过客观的心理量表来测量爱的研究者。对于浪漫关系的界定，鲁宾将其描述为"爱"和"喜欢"，人们常说的柏拉图式的爱情充其量只是一种"喜欢"。鲁宾认为"爱"有以下 3 个特征：接纳、信赖（affiliative and dependent need）；提供帮助（predisposition to help）；排他、吸收（Exclusiveness and absorption）。"喜欢"的特征则为：赞许的评价（Favorable evaluation）；尊敬（Respect）；相似的感觉（Perception of similarity）。

为了客观地研究爱情，鲁宾查阅了大量的文献资料，如文艺著作、普通常识及人际吸引等，从中寻找拟定叙述感情的题目，最终建立了"爱情量表"（love scale）和"喜欢量表"(liking scale)。通过两相比较，鲁宾发现"爱情"与"喜欢"有本质的差别。在其建立的"爱情量表"中，"爱情"包含如下三种成分：

（1）亲和和依赖需求。

（2）欲帮助对方的倾向。

（3）排他性与独占性。

对于身处爱情关系的恋爱者而言，最痛苦的事情莫过于对方的移情别恋了。产生这种痛苦的情绪体验是由爱情的本质决定的——爱情天生具有排他性和独占性，不论是婚姻关系中出现了"叛逃者"还是"第三者"，忠于爱情的那一方都会感到自己的婚姻关系受到了威胁，为了让自己远离痛苦，或者威逼"叛逃者"回到自己的身边，或者心灰意冷地放弃已经变质的爱情关系。

P05　老公是妇产科医生，将来有备无患

爱情观类型理论

歪读

3个女店员在讨论，如果一个人在遭遇海难后，愿意和哪种男人生活在荒岛上。

"我愿意和一个会谈天的人在一起。"第一个说。

"是不错。"第2个说，"可我愿意和一个会打猎和会烹饪的男人在一起。"

第3个笑着说："我要和一个妇产科医生在一起。"

正解

爱情也可以被分门别类，第1个店员选择了"依附之爱"，第2个和第3个店员则选择了"现实之爱"。

秒懂

加拿大社会学家John Alan Lee经由文献收集及调查访谈两阶段的研究，将男女之间的爱情分成6种形态。

情欲之爱：这种爱情所建立的基础是理想化的外在美，是一种罗曼蒂克的、充满激情的爱情。

友谊之爱：青梅竹马般的感情，是一种细水长流型、稳定的爱。

游戏之爱：将爱情视为一场让异性青睐的游戏，恋爱者并不会投入真实的情感，常走马灯般更换对象，只在乎曾经拥有，而不在乎天长地久。

依附之爱：恋爱者对于情感的需求非常大。

现实之爱：恋爱者着重考虑对方的现实条件，以期让自己用尽可能低的成本得到回报率较高的爱情。

利他之爱：恋爱者带着一种牺牲、奉献的态度，只追求爱情，对于对方的回报没有任何企图。

P06   假装我们是夫妻，转身就是我的态度

SVR 理论：为什么婚姻是爱情的坟墓

歪读

火车上，一男一女萍水相逢，他们共处同一个卧铺车厢。虽然刚开始感觉有些尴尬，但是到了晚上困意袭来时，他们都各自睡着了，男人睡在上铺，女人睡在下铺。

半夜，男人被冻醒了，他叫醒了下铺的女人："对不起，我在上面冻死了，能不能麻烦你给我再递一条毯子上来？"

女人看着那个男人，一副脉脉含情的样子，用温润的声音说："我有个更好的办法，让我们假装是夫妻，怎么样？"

男人顿时愣住了，但随即满心欢喜地说："好啊，太好了，那么现在我们怎么做？"

女人在铺上转了转身，面朝车厢壁，说："你自己不会去拿呀！"

正解

对于婚姻，笑话中的男人将妻子定义为行使夫妻义务的人，但女人显然不是这么定位的。她将自己视为被丈夫呵护、帮助的一方，又怎么会去为男人拿毯子？

秒懂

关于爱情，伯纳德·默斯坦在 1987 年提出过"SVR（stimulus- valuerole）理论"，即"刺激—价值—角色理论"，这种理论以阶段的观点来诠释爱情。伯纳德认为亲密关系的发展，以双方接触的次数多寡来看，可以分为"刺激（stimulus）""价值（value）"和"角色（role）"三个阶段。

刺激阶段：双方第 1 次见面后便进入了刺激阶段。在这个阶段双方互相吸引，迸发激情，感情主要建立在外在条件上，如被对方的长相和身材所深深吸引。

价值阶段：一般而言，双方大约第 2 ～ 7 次的接触，便属于价值阶段。在这个阶段中，彼此探求双方价值观和信念的相似——这成为他们情感依附的主要决定因素。

角色阶段：通常双方大约第 8 次以后的接触，便开始进入角色阶段。在这个阶段中，彼此对对方的承诺，主要建立在个体的角色扮演上，即伴侣们发现他们在为人父母、事业、居家等方面是否存在一致的观点。

虽然默斯坦认为亲密关系的发展要经过刺激、价值和角色三个阶段，但在阶段性发展过程中，每个因素并不是绝对独占的，只是在每个阶段中，各有一个因素是最主要的影响因素。

审视亲密关系发展的整个历程，可以发现，在爱情刚刚萌发时，刺激因素占有较大的比重，随着接触次数的增加而逐渐上升，但是所增加的幅度很小，最后会趋于一个平稳的水准。至于价值因素，虽然开始时的比重较低，但关系发展至价值阶段时，这个因素的比重会迅速提高，当进入角色阶段时，其比重也渐渐地趋于平稳，而且最后平稳的水准所占的比重，也比稳定后刺激因素所占的比重高。同样，角色因素开始最低，到角色阶段则会超越其他两个因素，并且随着关系的继续发展，其比重不断向上提升。

人们常说，婚姻是爱情的坟墓，这是因为当双方结婚后，关系的主要因素便是角色扮演，女人要男人成为家庭支柱和自己的依靠力量，男人则将女人定位为自己的贤内助，希望妻子能扮演好贤妻良母的角色，这无形中就为关系的存在加入了很多责任的成分。从某种意义上来看，责任为人们带来了压力和束缚，使人们越来越远离亲密关系的激情，这自然导致人们容易对婚姻关系产生倦怠感、不满意感，只能忧伤地回忆当初花前月下的浪漫。

$\mathcal{P}$07 特殊治疗，拱手相让

爱情三角理论：激情、亲密和承诺

🐭 歪读

罗伯特夫人总是闷闷不乐，说头疼得厉害，吃药似乎也不管用。

无奈之下，她丈夫请医生为她做了详细的检查，又问了许多问题。接着，医生突然伸出手臂把她搂住，美美地亲了一下。罗伯特夫人喜眉笑眼，病也好了大半儿。

"看到了吧？"医生微笑着对罗伯特先生说，"这些都是她需要的。我建议你，应该让她每星期四、五和六得到像今天这样的享受。"

"噢，"罗伯特先生连忙说："每星期四和星期五我可以带她来这里，可是星期六不行，因为每到星期六我要去划船。"

✅ 正解

医生将罗伯特妻子搂在怀里，罗伯特本应该吃醋嫉妒的，但是他却无动于衷。按照爱情三角理论的观点来看，他们之间的爱情不过是一种"空爱"——除了承诺外，激情与亲密全无。

⏱ 秒懂

"爱情三角理论"是美国心理学家斯腾伯格提出的爱情理论。在所有爱情理论中，"爱情三角理论"是目前最重要且令人熟知的理论。斯腾伯格认为爱情由三个基本成分组成：激情、亲密和承诺。"激情"是指强烈

地渴望与伴侣结合，促使关系产生浪漫和外在吸引力的动机，也就是与性相关的动机驱力，属于爱情的动机成分；"亲密"是指与伴侣间心灵相近、互相契合、互相归属的感觉，属于爱情的情感成分；"承诺"则包括短期和长期两个部分，短期的部分是指个体决定爱一个人，长期的部分是指对两人之间亲密关系所作的持久性承诺，属于爱情的认知成分。

随着认识的时间增长以及相处方式的改变，上述的三种成分将有所改变。爱情的三角形由于其中所组成元素的增减，其形状与大小也会随之改变。三角形的面积代表爱情的质与量，面积越大，爱情就越丰富。

根据这一理论观点，斯腾伯格进一步提出：在三种成分下有如下 8 种不同的爱情关系组合。

（1）喜欢：只包括亲密部分；

（2）迷恋：只存在激情成分；

（3）空爱：只有承诺的成分；

（4）浪漫之爱：结合了亲密与激情；

（5）友谊之爱：包括亲密和承诺；

（6）愚爱：激情加上承诺；

（7）无爱：三种成分都没有；

（8）完整的爱：三种成分齐集于一个关系当中。

℘08　总是这样，没有下文

爱情依附理论：爱情关系是一种依恋的过程

歪读

有个男人疑心特别大，总是怀疑妻子有不轨行为，但就是抓不住什么把柄。无奈之下，他只好求助于私人侦探。

过了几天，他雇的那位私人侦探兴冲冲地跑来向他报告："昨天晚上8点钟，你太太在乡村酒店门口和一个男人见面，然后坐上一辆出租车来到假日旅馆，他们要了一个房间，房间号是311。我用高倍望远镜看到，他们一进屋就拥抱在一起，大约过了半个小时后，他们开始脱衣服……"

"后来呢？"那个男人急不可耐地问道。

"后来窗帘就放下来了。"

"咳，总是这样。"他失望地说，"我心中的疑惑总是找不到答案。"

正解

按照"爱情依附理论"的观点来看，笑话中的男人对于妻子存在着一种"逃避依附"的心态。男人焦虑地怀疑妻子的不忠贞；同时，妻子确实做出了背叛丈夫的行为。

秒懂

"爱情依附理论"将爱情关系与依附关系做了一个联结，研究者认为个体婴儿时期与人建立的依附关系，会使个体形成一个持久且稳定的人格特质，这项特质会在个体与异性建立亲密关系时自然流露出来。Hazan 和 Shaver 将成人的爱情关系视为一种依恋的过程，即伴侣间建立爱情联结的过程，就如同婴幼儿在幼年时期与双亲建立依附性情感联结的过程一样。他们根据 Bowlby 的依附理论和 Ainsworth 等人的 3 种婴幼儿倾向，提出爱情关系的如下 3 种"依附风格"。

（1）安全依恋：与伴侣的关系良好、稳定，能彼此信任、互相支持。绝大多数人的爱情属于安全依恋。

（2）逃避依恋：害怕且逃避与伴侣的亲密。法国电影《天使爱美丽》中的艾米丽就属于这类。

（3）焦虑矛盾依恋：时常具有情绪不稳、极端反应的现象，善于忌妒且希望跟伴侣的关系是互惠的。

Hazan 和 Shaver 在研究中发现，3 种不同的爱情依恋风格在成人中所占比例分别为：安全依附约占 56%，逃避依附约占 25%，而焦虑矛盾依附约占 19%，与婴儿依附类型的调查比例相当接近。

Bartholomew 和 Horowitz 以上述爱情依附风格理论的概念为基础，发展出一种四类型的爱情依附风格理论。他们以正向或负向的自我意象和正向或负向的他人意象两个不同的向度来分析，得到如下 4 种类型的爱情依附风格：

（1）安全依恋：由正向自我意象和正向的他人意象所造成。

（2）焦虑依恋：由负向自我意象和正向的他人意象所造成。

（3）排除依恋：由正向自我意象和负向的他人意象所造成。

（4）逃避依附：由负向自我意象和负向的他人意象所造成。

P09 食人族男人为什么把自己的妻子当猎物

爱情投资理论：人们总是寻求投资回报率更高的爱情关系

歪读

食人族的两父子打猎。儿子抓了一个瘦子，父亲说："没肉，放到湖里做鱼饵！"儿子又抓了一个胖子，父亲说："太腻了，剖开晒干，冬天做棉袄！"儿子后来抓了一个美女，父亲两眼放光："带回家，晚上把你妈吃了！"

正解

当婚姻中出现了比目前的伴侣更好的潜在伴侣时，一方常会蠢蠢欲动甚至揭竿而起。因为人们总是谋求以最低的成本实现最高的回报，亲密关系中的男女同样有这样的考虑。

秒懂

"社会交换理论"是一种广泛传播的社会学理论，它认为人类的一切行为都受到某种能够带来奖励和报酬的交换活动的支配，即人们总是按照投资和回报的观点来对待自己的人际关系。秉承这一观点，"爱情投资模式理论"认为亲密关系中的双方，在此关系中互相有所得失，他们理性公平地衡量自己在此关系中的支出和回报，通过两者比较的结果，来决定自己对关系采取什么态度。

"爱情投资理论"认为男女亲密关系中的"承诺（commitment）"，是由

"满意度"（satisfaction）、"替代性"（alternatives）及"投资量"（investments）等因素所共同决定。当亲密关系中的个体，对关系有较高的满意度、知觉到较差的替代性，以及投资了较多或较重要的资源时，便会对此亲密关系做出较强的承诺，更愿意长期维护亲密关系。这种决定模式可用如下方程式加以说明：

满意度－替代性＋投资量＝承诺

所谓"满意度"，是指个体对他在亲密关系中的回报和成本进行相互抵消后的结果。一般而言，满意度与个人的预期有关，即使亲密关系的回报率很高，但是如果没有达到个体预期，他的满意度仍然很低；而如果一段亲密关系的回报率很低，但是结果已经高于个体的预期，他便会对目前的关系很满意。如果一个人经历过一段高回报的亲密关系，他的预期就会处于较高的水平。

"替代性"则是指对放弃此亲密关系的"可能结果"的好坏判断，"可能结果"包括发展另一段亲密关系、周旋在不同的约会对象间、选择保持单身状态等。如果其他的关系能给个体带来更好的收益，即使他对目前的关系很满意，也会考虑离开现在的伙伴，以便建立新的亲密关系。

"投资"是指个体在亲密关系中所投入或形成的资源。"投资"与报酬或成本最大的不同有两点：第一是"投资"通常不能独立地从关系中抽取出来，而报酬与成本可以；第二是当关系结束时，"投资"无法回收，而会随着关系的结束一起消失。因此投资会增加结束关系的成本，使个体较不愿也不易放弃此关系；从另一个角度看，则是增强了个体对此关系的承诺。

个体投资在亲密关系中的资源可分为两类：一类是直接投入的资源，如时间、感情、倾诉的个人隐私以及为伴侣所做的牺牲等；另一类是间接投入的资源，如双方彼此的朋友、两人共同的回忆以及此关系中所特有的活动或拥有物等。此外，在长期亲密关系中所形成的两人一体的认同感，长期相处下来所建立的默契与思想上的相似，以及彼此互补的一些记忆与信息等，也是会随着关系结束而失去的投资。个体所投入的资源层面越广、重要性越高、数量越多，则表示其投资量越大。当个体在此关系的投资量越大时，对此关系的承诺也越强。

此模式中的"承诺"，是指会使个体去设法维持这份关系，以及感觉依附在此关系中的倾向。因此，承诺的定义包含两个部分：行为的意向与情感的依附。

当进入恋爱关系后，个体总喜欢听另一方的海誓山盟，希望自己能够得到天长地久的爱情。然而爱情并不天然地具备永久保质期，如果你希望可以实现"执子之手，与子偕老"的浪漫，相比用道德和责任的力量束缚对方，为对方提供回报率更高的爱情关系是一个更加理性的选择。

𝒫10　妈妈比上帝管用

"俄狄浦斯情结"与"爱烈屈拉情结"：恋母情结与恋父情结

歪读

牧师的儿子在楼上一个人睡觉。他做了一个噩梦，害怕得哭了起来。牧师上楼问他为何哭泣。

"爸爸，我怕黑！"小男孩回答。

"不怕，小宝贝。上帝和你在一起。"

"爸爸，你来跟上帝在一起吧。我下去跟妈妈在一起，好不好？"

正解

牧师的儿子对母亲产生依恋，在"争夺"母亲方面，天然地将父亲视为自己的竞争对手。从某种意义上来说，这种情愫便已经有了"恋母情结"的痕迹。

⏱ 秒懂

恋母情结来源于古希腊罗马神话故事——

据说底比斯国王拉伊俄斯受到神谕警告，说他的新生儿俄狄浦斯长大后，有一天会杀死自己的父亲而与母亲结婚。对于这个不详的预言，拉伊俄斯感到非常震惊。为了保住自己的生命和王位，他让一个猎人把儿子带走并杀死。然而，猎人对于这个幼小的生命动了恻隐之心，他没有杀死俄狄浦斯，只是把他丢弃在山里。后来，一个牧羊人发现了被丢弃的婴孩，随后将其领回家并将它抚养长大。

多年以后，拉伊俄斯去朝圣，路遇一个青年并发生争执，他被青年杀死，这位青年就是俄狄浦斯。由于俄狄浦斯还破解了斯芬克斯之谜，底比斯人民一致将他推举为王，并娶了王后伊俄卡斯特。后来底比斯发生瘟疫和饥荒，人们请教了神谕，俄狄浦斯才知道，多年前他杀掉的一个旅行者是他的父亲，而现在和自己同床共枕的竟然是自己的亲生母亲。俄狄浦斯王羞怒不已，他弄瞎了双眼，离开底比斯，独自流浪去了。

这个故事就是心理学中俄狄浦斯情结的原型。俄狄浦斯情结又称为恋母情结，在精神分析中指以本能冲动力为核心的一种欲望。通俗地讲，是指男性的一种心理倾向，就是无论到什么年纪，都总是服从和依恋母亲，在心理上还没有断乳。

精神分析学的创始人弗洛伊德认为，儿童在性发展的对象选择时期，开始向外界寻求性对象。对于幼儿，这个对象首先是父母亲，男孩以母亲为选择对象，女孩则常以父亲为选择对象。小孩做出如此的选择，一方面是由于自身的"性本能"，同时也是由于双亲的刺激加强了这种倾向，即是由于母亲偏爱儿子和父亲偏爱女儿促成的。在此情形之下，男孩早就对他的母亲发生了一种特殊的柔情，视母亲为自己的所有物，而把父亲看成是争得此所有物的敌人，并想取代父亲在父母关系中的地位。同理，女孩也认为母亲干扰了自己对父亲的柔情，侵占了她应有的地位。

与俄狄浦斯情结相对应，女孩对于父亲的依恋则被称为"恋父情结"，也称为"爱烈屈拉情结""依莱特接情结"，是指女孩亲父反母的复合情绪。

"爱烈屈拉情结"同样来源于古希腊传说，爱烈屈拉公主的父亲被她的母亲与其情人所杀害，于是爱烈屈拉公主决心为自己的父亲报仇，后来她与自己的兄弟一起杀死了自己的母亲。

　　不过，一般而言，很多人并没有觉得自己有"恋母情结"或者"恋父情结"，这是因为这种情结是一种乱伦的感情，人们自身的意识很小心地避免认知这些感觉，即使这些感觉出现时，也伪装成了其他的可接受的情结。

P11 绕了好几圈而不经过你的家门，正是因为对这边的路太熟

屡见效应：为什么人们会日久生情

歪读

美国五星上将卡特利特·马歇尔（1880—1959 年）在他驻地的一次酒会后，请求一位小姐答应让他送她回家。

这位小姐的家就在附近不远，可是马歇尔开了一个多小时的车才把她送到家门口。"你来这里不很久吧？"她问，"你好像不太认识路似的。"

"我不敢那样说，如果我对这个地方不熟悉，我怎么能够开一个多小时的车，而一次也没有经过你家的门口呢？"马歇尔微笑着说。

这位小姐后来嫁给了马歇尔。

正解

如果你试图让一个人喜欢自己，不妨尽可能制造一些彼此见面的机会，因为心理学表明：人们越熟识，就越容易产生吸引力。

秒懂

有关爱情的产生，如果仔细观察，你应该会发现这样一种现象，那就是很多恋人或者毗邻而居，或者有多年的同窗之情，或者他们任职于同一家公司。为什么常常见面的男女更易于产生爱情？也就是说，人们为什么会日久生情？对于这一现象的解释，一种观点是，相比于其他不怎么接近

的人，你更容易享受到周围的人提供的各种回报。例如，与一个相距较远的人交往，你需要花费更高的成本、支付更多的努力，如长途电话费和为了相见而在路上花费的时间。相应地，你所获得的回报却很少。而对于一个近在咫尺的人，当需要被人安慰的时候，你可以尽情地面对面向他倾诉，甚至趴在他的肩膀上哭泣。这时，你的情绪会得到较高程度的抚慰。然而，一个相距很远的人，他所能提供的安慰也只能以短信和电话的形式表达。这种安慰的效果显然远不如面对面的倾诉和直接的身体接触。

针对接近导致喜欢的现象，心理学家提出了"屡见效应"，即与某人的重复接触不仅不会引发不快，反而会增加对他的喜欢。

关于"屡见效应"，研究者提供了这样一个例子：在一个学期里，他们让一些大学女生在某些课上出现 15 次、10 次或者 5 次，这些学生每次只是坐在那里，从来不和任何人交谈。在学期快要结束的时候，研究者把这些女学生的照片拿给了上这门课的学生，询问他们对于女学生的好感度。结果发现，对于上课的学生而言，那些经常出现的女生对他们有更大的吸引力，他们也更喜欢这些经常露面的女生，而不是那些从来不露面的女子。

不过，虽然熟识能够带来感情的升温，但是这种逻辑并不是放之四海而皆准的真理。一般来说，它不适用于那些面目可憎、难以相处的人。与这些人增加接触，并不会使人们更加喜欢他们。

当恋人们感情出现问题后，他们常常会做出分开一段时间的决定，但是事实上，这并不是什么高明的解决方法，因为他们很有可能得这样的结果：距离有了，爱却没了。

P 12   我们不需要灯光，谈恋爱越黑越好

黑暗效应：为什么暗恋者通常借助烛光晚餐示爱

歪读

某国男女青年们找到一个谈情说爱的理想地方，既不必担心警察干涉，又不用多花钱，这地方就是教堂。不过这样一来，却给教堂里的牧师添了不少麻烦。于是有位牧师在教堂门口贴出一张告示，上面写着："本教堂晚上十点熄灯。"

可是，第二天晚上在教堂里谈恋爱的人仍然很多。牧师不明其中缘由，却见告示上多了一行小字："谢谢，我们不需要灯光。"

正解

的确，谈情说爱怎么会需要灯光，没有灯光的夜晚只会成为爱情升级的助推力——没有灯光的夜晚，恋人们求之不得。

⏱ **秒懂**

在光线比较暗的场所，约会双方彼此看不清对方表情，就很容易减少戒备感而产生安全感。在这种情况下，彼此产生亲近的可能性就会远远高于光线比较亮的场所。心理学家将这种现象称为"黑暗效应"。例如，在灯光昏暗的酒吧、舞厅，一些平时比较怯于与异性交谈的男子也会表现得非常大胆、幽默，蠢蠢欲动地与自己中意的女子搭讪，这就是"黑暗效应"最形象的表现。

关于发生"黑暗效应"的深层原因，社会心理学家解释说，在正常情况下，大多数人都根据对方的身份和性格特点来决定在多大程度上表白自己。对于那些还不十分了解而又愿意深入交往的人，便易于产生戒备感，担心自己由于言语不慎或态度不妥而遭到对方的反感。出于这种心理，人们便会刻意把自己好的一面尽量展示出来，把弱点和缺点隐藏起来，由于交谈的一方或双方都有所保留，这样就很难实现随心所欲的沟通。但是在灯光不明的地方，人们可以很好地掩饰自己的情感和表情，即使出现尴尬情况，也可以装作若无其事的样子，不被对方看到自己真实的情绪反应，这便导致人们在一些黑暗的地方倾向于回归真正的自己，甚至有勇气做一些冒险的事情，如向自己暗恋已久的心上人表白示爱、与恋人进行亲密的身体接触等。也正因为这样，烛光晚餐成了暗恋者表白心意的最好衬托，有一点酒精、有一点暧昧、有一点大胆，这些因素都会增加示爱成功的概率，最终导致一段浪漫的爱情关系由此而渐入佳境。

$\mathscr{P}$13　如果你想让她爱上你，请带她去看恐怖片

吊桥效应：危险或刺激性的情境可以促进爱情的萌芽和升华

歪读

汤姆一直希望自己和女友的关系能够取得突破性进展，他的朋友告诉他，带女友看恐怖片是一个不错的选择，面对着那些恐怖的场面，女人总会情不自禁地投入男人的怀抱。

一天，汤姆和女友一起在影院欣赏一部恐怖片，当影片演到一艘船触礁沉没时，女友紧紧地抓住了汤姆的手。

"亲爱的，你太胆小了，只是出现了一艘船你就吓成这样！"汤姆对女友说。

"我们快走，"女友叫道，"我忘了关洗澡间的水龙头啦！"

正解

如果你希望自己的心上人也能爱上自己，请带她去看恐怖片，或者经历一些惊险的事情。因为有了心跳，便有了爱情，即使这种心跳与爱情风马牛不相及。

秒懂

阿瑟·阿伦（Arthur Aron）是位著名的情绪学家，他曾经做过一个关于情绪反应的现场实验。阿瑟选择了一位漂亮的女性作为研究助手，由她

到一些大学男生中做一个调查，让这些被试者完成一个简单的问卷，然后根据一张图片编一个小故事。参加实验的大学生被分为3组，调查发生在3个不同的地点：安静的公园里、坚固而低矮的石桥上、一座危险的吊桥上。漂亮的女助手对大学生进行完调查之后，把自己的名字和电话号码告诉了每个参加实验的大学生。如果他们想进一步了解实验或者跟她联系，则可以给她打电话。研究者所要探讨的问题是：大学生们会编出什么样的故事，谁会在实验后给漂亮的女助手打电话？

　　参加实验的大学生编撰的故事千差万别，给女助手再打电话的人也是各不相同。实验结果最有趣的发现是：与其他两组相比，在危险的吊桥上参加实验的大学生给女调查者打电话的人数最多，而他们所编撰的故事中，也含有更多情爱的色彩。

　　实验表明，个体的情绪体验并不是因自身的遭遇而自发形成的，它是一种两阶段的自我知觉过程。在这一历程中，人们首先体验到的是自我的生理感受，然后，人们会在周遭的环境中，为自己的生理唤醒寻找一个合适的解释。例如，当你觉得浑身发热、心跳加速、手有点抖时，你会不由自主地到借用情境来寻找这一现象的原因。如果此时你正碰到愤怒的大黑熊，你会感觉"真是可怕"；如果此时你正遇到令你神魂颠倒的人，你会感觉"这是爱慕或情欲"；如果此时你在健身房，你会觉得"这根本与情绪无关"……

　　再回到阿瑟所做的那个实验，相比于其他大学生，那些在吊桥上的参与者在参加调查时，会不由自主地心跳加速、呼吸急促，形成相应的恐惧之情，这时他们就会对自己的生理表现寻求一个合适的解释：一是因为调查者的无穷魅力而让自己意乱神迷；二是因为吊桥的危险而让自己心如撞鹿。两种解释看似都有道理，但是真正的原因却难以确认。在这种情境下，吊桥上的大学生对自己的生理唤醒进行了错误归因，即他们认为是因为对调查者产生激情而心跳加速，而不是危险的环境。这便导致很多吊桥上的大学生对自己身边的调查者产生了更多的兴趣，更多地拨通了漂亮女调查员的电话。

　　"吊桥效应"就是这样一种现象：当一个人看见自己喜欢的异性时，

会为可能出现的各种情况做出准备并及时反应，如供血速度增加，心跳也随之加快；反之可以逆推，心跳越快就越对异性有感觉。当一个人处于一个极度紧张的环境下，如过吊桥时，心跳会加速、肾上腺素分泌加快，如果看见桥对岸上站着异性，就会觉得自己对他产生好感。其实这种感情并不算喜欢，只不过是吊桥在晃动时带来的本能的心跳感觉。

影视中常有这样的桥段：一个女孩身处危险之中，被一群街头小流氓欺负，这时，一个男孩拔刀相助，演绎了英雄救美的浪漫，最后，男孩多会与女孩确立恋爱关系——这时便出现了"吊桥效应"——在危险的情境中，女孩心跳加快、呼吸急促，当为自己的心理现象寻求解释时，女孩认为这是因为自己遇到了一见钟情的人。

$\mathcal{P}$14　他想吻你，是因为他已经不分美丑

啤酒眼镜效应：为什么有"酒后乱性"的说法

歪读

"经理太太，我得告诉您一件事儿：我们的经理——您的丈夫——昨天在公司举办的晚会上企图亲吻我。"

"这不碍事儿，他只要多喝两杯，便对世事的好歹和美丑都抱无所谓的态度。"

正解

男人喝酒后，并非对世事的好歹和美丑都抱无所谓的态度，而是认为眼前的异性更加有魅力。关于这一点，科学实验也提供了证明。

🕐 **秒懂**

昏暗的酒吧总是与暧昧和情爱联系在一起，人们喝了几杯酒以后，望着周围的异性会觉得十分漂亮迷人，即使是平常姿色的女人也会让他觉得楚楚动人，这时便发生了"啤酒眼镜"效应。

英国布里斯托尔大学的研究人员对"啤酒眼镜效应"做了测试实验。他们发现男人在喝酒后的"啤酒眼镜"效应可持续 24 小时，即在喝酒后 24 小时里都会觉得女人更有魅力。研究人员解释说，之所以会出现"啤酒眼镜"效应，是因为大脑中负责评估面孔吸引力的伏隔核受到了酒精的刺激，让喝酒人对面孔魅力的判断出现了错觉。

曼彻斯特大学临床视光学教授埃弗龙对一千名交友会员进行了研究，得出了"啤酒眼镜效应"的方程式：当中 An 代表饮了多少杯啤酒，S 指室内烟雾弥漫程度（1 为最清楚，10 为极度迷蒙），L 则是对象身处位置光度（1 为伸手不见五指，150 为正常室内光线），V 代表本身的斯内伦（Snellen）视力敏锐度（6/6 为正常，6/12 为仅能驾车的视力），D 是跟对象距离，将这些因素代入方程式内，就可算出"啤酒眼镜效应"影响到底有多大。

"啤酒眼镜效应"方程式显示，如果一名视力很差的人在烟雾弥漫的酒吧与另一人攀谈，"啤酒眼镜"对他的影响，就相当于他喝了 8 杯啤酒后置身于没有烟雾、光线充足的地方。

对于"啤酒眼镜"效应，科学家也进行过科学验证。2003 年，英国格拉斯哥大学的心理学家让酒吧里的男女对他人的照片进行魅力打分，一种是在喝酒的情况下，另一种是在不喝酒的情况下，结果正好证明了"啤酒眼镜效应"——相对没有喝酒的情况，喝酒后的被试者觉得照片上的人更有魅力。

在现实生活中，酒精常被恋爱男女视为感情的助燃剂，即使那些平时彼此之间并没有爱意的男女，当他们双双酒酣耳热后，有时候也会情不自禁地宽衣解带做出越轨的事情——除了因为彼此的自制力较差以外，其中的一个原因还在于酒精让他们对面前的伙伴出现了不切实际的美好幻想。

$\mathscr{P}$15　酒鬼的好点子

打烊效应：高估酒吧将要关门时的异性

歪读

夜深了，酒吧也到了打烊的时候，但是，吧台仍然有两个男人尚未离去。他们两人都喝得醉醺醺的，其中一个说："我有个好点子，我们俩再喝一杯，然后找一个火辣的女人玩一次一夜情。"

另一个说："算了吧，没什么好找的，我家那口子已经很火辣了。"

出点子的那人带着醉意说："好极了！那么让我们再喝一杯，然后就到你家去！"

正解

对于那些酒吧将近打烊而仍旧没有找到合适伴侣的男女而言，他们对于爱情的渴望通常会更浓烈一些。

秒懂

对于城市男女而言，深夜在酒吧流连近似于一个狩猎的游戏。他们摇动着手里的酒杯，眼镜四处搜索，寻找让自己心动的异性伴侣。有的人在酒吧尚未打烊时便找到了与自己一拍即合的伙伴，有的人却直到将要打烊时，仍然形单影只，没有找到一个让自己十分满意的"猎物"。随着酒吧关门时间的临近，对于那些可能注定要独自一人的单身男女而言，他们便会觉得酒吧里剩余的某个异性越来越有吸引力。通常来说，酒吧里那些还没有找到对象的人会认为可选择的异性比刚来的时候更加迷人，这便是所谓的"打烊效应"。

"打烊效应"与人们喝不喝酒没有多大的关系，而是源于这样一种心理：对于那些以寻找"猎物"为目标的男女而言，眼看着酒吧马上就要关门，自己可选择的异性越来越少，而他们又不愿意忍受一个人的孤单。为了平衡内心的失落，他们便会不自觉地喜欢剩余异性中的某一个，认为对方十分有魅力。

配偶选择同样有"打烊效应"。例如，一个女子在她二八年华时，生命中出现了一个执著的追求者，女子对于这个追求者不屑一顾，结果女子30岁时，依旧是孑然一人，没有遇到合适的结婚对象。此时女子重新审视曾经的追求者，便会觉得其实对方是一个不错的结婚对象，只是因为当初慧眼失察，才导致自己错过了锦绣良缘。

$\mathscr{P}$16　对一匹野马执迷不悟，
对一个仙女视而不见

罗密欧与朱丽叶效应：外界的阻碍反而会成就荡气回肠的爱情

歪读

一个人流落到一个荒岛，他在岛上寂寞得要发疯，便决定非礼一匹野马。野马从来没有遭受过这样的侮辱，它誓死抵抗，踢断了非礼者的一条腿，这个人没有得逞。但他并不灰心，仍旧试图非礼野马，结果另外一条腿也被野马踢断了。

这个人的执着感动了上帝，上帝派了一位美艳的仙女来到了他的身边，风情万种地对他说："先生，您需要什么，我都能满足您。"

此人高兴地说道："帮我抓住那匹野马！"

正解

爱情是盲目的，有时候你在一份爱情中情不自禁地泥足深陷，也许并不是因为你很爱对方，而是因为你们的爱情遭受了外界的阻碍。

秒懂

《罗密欧与朱丽叶》是莎士比亚的四大悲剧之一，故事中的罗密欧与朱丽叶真心相爱，但是因为双方家族有世仇，他们的爱情遭到了彼此父母的强烈反对。不过，外在的压力并没有终结他们爱情，反而让他们更加坚守彼此之间的爱情，甚至不惜以死殉情。"罗密欧与朱丽叶效应"便由此而来，是指当出现外在的力量干扰恋爱双方的爱情关系时，恋爱双方的情感反而会更加浓烈，恋爱关系也因此更加牢固。

关于出现"罗密欧与朱丽叶效应"的原因，心理学方面的理论给出了如下解释：当人们的自由受到限制时，会产生不愉快的感觉，而从事被禁止的行为反而可以消除这种不悦。体现在爱情方面便是，人们有时候喜欢迎难而上，去追求那些不容易得到的人。

也正因为如此，对于那些处于热恋期的男女，父母越是试图拆散他们，他们反而会越爱彼此，甚至采取过激行为，用偷偷地结婚、未婚先孕等手段抗议外界的阻挠。

不过，在现实世界里，当恋爱男女冲破重重阻碍最终走进婚姻殿堂后，并不意味着他们都会获得幸福的婚姻生活。激情固然是爱情的助燃剂，但是激情总有潮涨潮落的时候，要保持爱情的长久不息仍然需要更多其他的因素：如彼此相似的价值观和信念、成就对方幸福的自我牺牲意愿等。

所以，当你被爱情所迷醉的时候，也许会面临一些外界的阻碍，此时你便要试着克服"罗密欧与朱丽叶效应"，仔细衡量彼此的般配关系，尤其要考虑彼此是否能够适应结婚之后的角色定位。真相虽然常常会让人不悦，但是却有助于人们找到真正的幸福。

$\mathscr{P}$17　非得车仰人翻，不然不足以谈爱情

白流苏和范柳原为什么会产生"倾城之恋"

歪读

有位男子驾车带着女友去兜风。为了表现勇敢精神和高超的驾驶技术，男子将车速提高到每小时 60 公里。结果，一不小心，汽车撞到转角处的一棵大树上，车身被撞得四分五裂，幸运的是，车上的两个人都没有受伤。

在这种死里逃生的情况下，男子赶紧搂住女友，安慰她不要害怕。女友异常亲热地倒在他的怀里，以诚挚而惋惜的语气说："你何必要冒这么风险呢？其实，你只要假装汽油用完，车开不动了，我就会让你吻我的。"

正解

如果你想让你的意中人同样爱上你，不妨巧妙地为对方制造些不安全感，因为当对方感到不安的时候，便是容易对你产生依恋的最好的时机。

秒懂

张爱玲有一部爱情名篇《倾城之恋》，故事所发生的地点为香港。来自上海的白流苏经历了一次失败的婚姻，回到白家后，受尽了亲戚的冷嘲热讽，白流苏由此看尽了世态炎凉、人情冷暖。她偶然结识了潇洒而又多金的钻石王老五范柳原，便准备拿自己做赌注，远赴香江，博取范柳原的爱情，争取一个合法的婚姻地位。

白流苏和范柳原均是情场高手，他们在浅水湾酒店互相斗法博弈，原

本白流苏以为自己要输了，然而就在范柳原即将离开香港时，日军开始轰炸浅水湾，范柳原奋不顾身地折回寻找白流苏。在这种生死关头，两人发现了彼此的真情，决意要天荒地老。

为什么经由一次轰炸，白流苏和范柳原原本不确定的爱情就得到了印证和昭示，从而成就了一段刻骨铭心的"倾城之恋"？从心理学的角度来看，人越感到不安，便越会产生强烈的与别人在一起的动机，从而为爱情存在的因素之一——彼此互相依恋——提供了萌发的前提。

关于不安感与依恋的关系，美国心理学家沙赫特通过实验证明了他们的正相关关系。沙赫特将被试者分为两个小组，提前告诉他们在实验中会受到电击，但对两组人员采用了不同的说法。实验者告诉 A 组人员说，他们可能受到的电击程度并不高；对 B 组人员则说，他们可能受到十分强烈的电击。

在开始进行实验前，实验者特意让两组被试者在休息室呆一会儿，并且可以让被试者自由决定是否独自等待还是要和别人一起等待。

结果发现，由于 A 组人员没有产生恐惧心理，其中的大部分人员选择独自等待；B 组人员对被预言的强烈电击感到十分恐惧，他们之中 60% 以上的人都要求与别人一起等待。这便证明了，一个人越对即将发生的情况感到恐惧，越可能产生与别人同在一起的欲望。

在《倾城之恋》的故事中，日军轰炸香港无疑让白流苏和范柳原产生了恐惧心理。白流苏的恐惧出于对于生死的未知，范柳原的恐惧则来自于失去白流苏的潜在可能性。在这种危险的情况下，他们都产生了与对方在一起的强烈愿望——一座城市的沦陷让他们发现了彼此之间的爱情。一般而言，当个体感到恐惧时，他们所选择的同在一起的伙伴都是自己真正所在乎的人——"倾城之恋"由此而来。

观察周围的婚姻伴侣，我们也常会发现，那些共同经历一些灾难事故和危险情况的男女，他们的爱情更能经得起岁月和外在诱惑的挑战，便因为曾经共同依恋的经历让他们坚信：对方就是自己一直在寻找、值得携手一生一世的人。

P 18　上帝对亚当说，爱情需要付出点代价

谁会在婚姻关系中拥有更高的权力

🐼 歪读

上帝创造了亚当，他对亚当相当满意，而亚当也对自己很满意。然而亚当觉得有点寂寞，上帝体察到亚当的失落后，便对亚当说："我可以为你创造一个伴侣。"

亚当听了非常兴奋："一个伴侣？"

"是的，"上帝说道，"她会是个非常美丽的女人，并能帮你打扫、煮饭和洗衣服。她会全心全意地爱你。她会一直在你身边，就像你的专属女奴一样。"

亚当按捺不住自己的喜悦之情："上帝！我想要一个像这样的女人！"

上帝回答："你可以拥有这样的伴侣，但是你要付出巨大的代价。"

亚当摇了摇头："没有关系，我不在乎。"

上帝强调说："那得用去你一只胳臂、一条腿和一个肩膀。"

亚当想了一会儿，然后问："那一根肋骨可以换到什么？"

✅ 正解

一个人所花费的资源与他所拥有的权力紧密相关，可以看得出，对于用一只胳臂、一条腿和一个肩膀所换来的伴侣，亚当将对其拥有更大的权力。

⏱ 秒懂

建立亲密关系后，双方常要面对"谁说了算"的问题，也就是说，到底谁才是真正的一家之主，谁在亲密关系中拥有更大的权力。根据"社会交换理论"的观点，权力基于对有价值资源的控制。如果甲拥有乙所想要的，乙为了获取自己想要的资源，便会遵从甲的意愿，于是，甲对乙就拥有了权力。不过，即使一个人不拥有别人所期望的资源，但是如果他能够控制获取资源的途径，也会对他人拥有权力。例如，一个男人娶了一个富家小姐，富家小姐的家人可以为男人提供做生意的本钱和社会关系。虽然富家小姐并不拥有男人想要的资源，但是她拥有控制男人获得资源的能力，所以富家小姐对男人也就拥有了权力。在亲密关系中，一方常会控制着另一方获得某种资源的途径，如共度时光的能力、彼此示爱的能力、获得被伴侣理解的能力等，于是，一方就拥有了对另一方的权力。

通常来说，权力总是与金钱紧密相关的，在社会交换的过程中，关系资源就像金钱资源一样影响着关系中的权力。在亲密关系中，一方对另一方的依赖程度就是一种"权力货币"。如果你比伴侣较少地依赖关系，那么你对伴侣的权力就大于对方对你的权力。关于亲密关系中的权力，有如下两个法则：

人际剥削法则：在任何关系中，操心较少的人对操心较多的人拥有剥削权力。

最小兴趣法则：在任何关系中，对继续或维持目前关系兴趣较小的人拥有更大的权力。

不难理解，如果一个人对关系投入了相对较少的感情、很容易获得其他更好的伴侣，他便对另一方拥有了更大的权力。比如，一个花花公子的伴侣是一个痴情女子，相比于花花公子，痴情女子为这份关系投入了更多的感情，她便会对花花公子采取逆来顺受的态度，唯命是从地遵照花花公子的指示。

社会权力有着特殊的资源类型，比如社会经济资源、爱与情感、对理解和支持的表达、性、信息等。虽然拥有较高的经济地位的一方更容易拥有权力，但是这个理论并不具有绝对性。

　　一些收入很高的男性就被没有收入来源的妻子所管制，沦为名副其实的"妻管严"。男人拱手相让了自己的家庭权力，往往是因为妻子能够提供给他们满意的爱与情感等。

　　权力总是与爱相伴而生的，如果一个男人不再爱自己的妻子，或者一个女人对自己的老公失去了兴趣，失去爱的一方就彻底失去了控制一方的能力，所拥有的权力也就名存实亡。

$\mathscr{P}$19 玫瑰花就好比那钓鱼的诱饵

为什么婚前是王子，婚后成了癞蛤蟆

歪读

有一个男人在结婚前每天固定给他的准太太送一朵玫瑰花。

自从他们结婚后，他再也没有给太太送过一朵玫瑰花。

于是太太就问他："亲爱的，你为什么这么长时间不给我送玫瑰花了？"

丈夫回答："噢，亲爱的，你听说过有谁把鱼钓到手了还给它诱饵吗？"

正解

当结婚以后，人们除了吝啬"诱饵"外，还会惯于在伴侣面前不修边幅。与结婚前相比，很多对于伴侣的付出都消失殆尽。

⏱ **秒懂**

人们遇到让自己怦然心动的异性后，为了赢得对方的喜欢，多会把自己最好的一面展示给对方。当他们与对方约会时，很多人会煞有介事地整理自己的外表，比如做头发、穿新衣等。同时，他们在对方面前也总是一副彬彬有礼的样子，女士表现得非常淑女，男人则做出一副绅士的派头。他们不惜花费大量的时间和金钱去饰演最好的自己。

但是随着亲密度的增加，尤其是进入婚姻的殿堂后，很多人则彻底卸下了自己的完美伪装，面对伴侣时，他们不修边幅、爆粗口、表现得斤斤计较、上卫生间不关门、穿着有破洞的睡衣在房间里走来走去。

经过婚姻的洗礼后，女人常会感慨曾经的"王子"变成了一只"癞蛤蟆"，男人则伤感那个昔日有着标致身材的美人变身成了大吃特吃的"肥婆"。为什么会出现这种现象呢？原因可能有以下几个方面：

（1）人们确认已经赢得了伴侣的喜欢，失去了让自己迷人的动机。

（2）随着相处时间的增多，人们认为伴侣已经十分了解自己，如果自己仍然在伴侣面前"伪装"，对方会很容易拆穿自己的真面目，反而有些矫揉造作。

（3）当亲密关系建立后，人们自觉地把伴侣视为"自己人"，所以宁愿展示出最原始的自己，如当着伴侣的面放屁、挖鼻孔、用最恶俗的语言攻击隔壁的邻居。

虽然建立亲密关系是寻找"完美之我"的过程，在这个过程中，伴侣合二为一，似乎进入了不分你我的境界，但是人们还应该认清这样一个事实：你与伴侣始终是两个分开个体，你无法控制对方的心理、情绪以及行为，你无法保证伴侣对你的爱至死不渝。因此，即使已经建立了亲密关系，你仍然有必要做出积极的印象管理，不忘时时展示自己的魅力。很多男人之所以移情别恋，便是因为相比于家中的黄脸婆，外面女人更加风情万种，对他们产生了较大的吸引力。

爱情永远处于进行时，而没有完成时。

P 20   婚前三天也不忘风流的花花公子

古烈治效应：背叛是男人的天性

🐼 歪读

一个花花公子对其未婚妻说："在我们结婚前，我要把我以前所有不忠的事情都告诉你。"

过了三天，花花公子又如此重复了一遍。

其未婚妻感到很奇怪，嗔怪到："你不是已经告诉过我了吗？"

花花公子道："是啊，不过那已经是三天前的事情了。"

✅ 正解

背叛似乎是男人的天性，他们口口声声地向眼前的爱人表明自己的忠贞，但是转身之后，他们就与其他的女人爱得如火如荼。

⏱ 秒懂

据说古烈治是一位国家元首。一天，他带着夫人科尼基一同去参观一家养鸡舍，夫人看见公鸡在母鸡身上，不禁突发奇想，她问陪同的农场主："你能否告诉我公鸡一天在母鸡身上尽多少次'丈夫'的责任？"农场主答道："时时尽责，一天大概十余次。"夫人说："请把结论告诉总统。"

农场主把他和元首夫人的对话告诉了总统，总统问道："每次都在同一只母鸡身上尽责任吗？"农场主答道："每次都更换伴侣。"总统说："请把结论转告夫人。"

　　这个故事说明了男女都有自我服务的偏见，他们总是按照对自己有利的解释去看待事实。同时，这个故事还成就了一个著名的心理学效应——心理学家把雄性的见异思迁的倾向称为"古烈治效应"，这一效应在很多哺乳动物身上都被实验证明了。人虽然为高等动物，但是男人在见异思迁倾向方面的程度，并没有比动物降低多少。也正因为如此，与女性相比，男性有更高的婚姻出轨的潜在可能性，他们很容易将曾经的海誓山盟置之脑后，与第三者开始另一段激情之爱。

　　当然在现实生活中，很多男人并没有背叛自己的妻子，而是与对方相伴一生，这是因为"古烈治效应"让位于道德、责任等社会准则，那些忠贞的男人通过道德的力量抑制了见异思迁的本能。

21　化装舞会，便宜了那位老朋友

男人的寿命与妻子美貌程度成反比

歪读

去参加化装舞会前，太太忽然感觉不适，便叫丈夫一个人去赴会。丈夫走后，太太自觉好了点，便换上一套丈夫从未见过的时装，也驱车去参加舞会了。刚进门，太太便看见丈夫与其他女人打情骂俏，不禁妒火中烧，决定试探一下丈夫。她走到丈夫身旁，娇声媚气，投怀送抱，最后还引诱他到后花园去，尽情风流。到了午夜，当大家将要脱下面具时，太太才悄悄离去。而她丈夫直到凌晨三时才回家。

"舞会怎么样？"太太装出漫不经心的样子。

"一点也不好玩。"丈夫答。

"你在那里究竟都做了些什么？"太太问道。

"老实告诉你吧，"丈夫道，"我到那里时，发现几个朋友都没有带妻子，于是我们几个人便到书房里去玩牌了。"

"你整个晚上都在打牌吗？"太太尖叫道。

"是的，不过我把自己的服装与面具借给了另外一个老朋友。那家伙在舞会结束时倒是向我夸口，说这是他有生以来最美妙的一个晚上！"

正解

都是"嫉妒"惹的祸！

⏱ 秒懂

当爱情降临的时候，嫉妒也不期而至，爱与嫉妒交织在一起，使人们经历着"痛并快乐着"的情感历程。很多人把嫉妒视为爱的象征，这样的想法在女人的意识里根深蒂固：如果自己与别的男人眉目传情，恋人却无动于衷，这便说明恋人并不是那么爱自己。因此，嫉妒被人们视为"双刃剑"——一方面是强烈爱情的表达，另一方面让恋人们变得疑神疑鬼。其实，嫉妒常会为人们带来灾祸。据数据显示，美国13%的谋杀案是配偶的一方杀死另一方，其中，嫉妒是主要的动机。

一般而言，如果一个人感觉选择机会较少、自己并不是恋人心目中最理想的伴侣时，便容易对伴侣产生较强的嫉妒。同时，如果伴侣比另一方更有优势，如拥有较高的经济条件、外形条件更好，另一方也会有更严重的嫉妒倾向，担心被比自己优秀的第三者横刀夺爱。

不过，并不是所有的竞争者都会引发人们的嫉妒，是否嫉妒还要看伴侣对竞争者的兴趣如何。也就是说，那些更容易让伴侣动心的人，便会被人们列为重点嫉妒对象。对于男人而言，他们更嫉妒那些自信、有权势、有财富的男性，长相英俊的男人则不会引发他们较强程度的嫉妒；女人则相反，她们倾向于嫉妒那些比自己漂亮的女人，很少嫉妒自信和有权势的竞争者。总之，对女人来说最有威胁性的是外貌吸引力，男人的嫉妒点则被有权势的对手所激发。

据美国耶鲁大学对三千多位男人的研究，娶漂亮女人为妻子的男人，相对妻子不漂亮的男人来说，平均寿命要减少12年。研究人员解释说，娶个娇美的老婆会让男人产生很大的精神负担，他们常常疑神疑鬼，心绪不宁，有时甚至会妒火中烧，火冒三丈。这一现象说明，嫉妒的负面影响远大于它的正面意义。虽然抱得美人归是一件十分让人自豪的事情，但是想想这一调查结果，在面对娶美女还是丑女问题时，最好还是三思而后行。

P22   食物、家庭和哲学，初次约会的三大话题

调味品效应：无关痛痒的"废话"有助于浸润亲密关系

歪读

一个男孩即将去赴他人生的第一次约会，非常紧张，不知道到时候应该说些什么，于是向他的父亲讨教。父亲说："我的儿子，有三个话题适用于此类场合：食物、家庭和哲学。"

男孩去赴约了。他们来到一家甜品店，两人各要了一杯冰激凌。很长一段时间里，两人谁都没有讲话，男孩感觉越来越紧张。最后他想起了父亲的忠告。

他问女孩："你喜欢吃土豆煎饼吗？"

女孩回答："不！"然后是一阵沉默。

数分钟后，男孩尝试第二个话题："你有哥哥吗？"

女孩回答："没有。"又是一阵沉默。

男孩于是决心打出他最后一张牌，他想了想，问女孩："如果你有个哥哥的话，你觉得他会喜欢吃土豆煎饼吗？"

正解

男孩的最后一个问题虽然看似荒诞可笑，但是对于这种幽默的"废话"，女孩多会会心一笑，很可能便化解了彼此缄默不语的尴尬。

⏱ 秒懂

亲密关系进行一段时间后，常会出现"审美疲劳"。这时双方陷入沟通僵局，他们懒得与对方交流自己的心得体会，除了就一些重要事情进行沟通外，其他时间都处于互不干涉内政的状态。当出现这种婚姻症状后，解决的途径之一便是，夫妻双方不时地说一些无关价值观念的"废话"，用以交融彼此的感情。这种现象便是心理学中的"调味品效应"。

"调味品效应"对提升亲密关系的质量有着非常积极的影响，时不时说一些"废话"，有助于夫妻之间增加对彼此的相互了解，可以起到增加感情交流、培养默契的作用。

至于选择什么样的话题为"调味品"，如何让"调味品"提升夫妻之间的情感质量，可以参考如下几个建议：

（1）选择那些客观事实为"调味品"，这些话题多与个人的价值观和态度无关。

（2）彼此之间适当开一些小玩笑，说一些小幽默。

（3）要选择合适的时间进行"废话"交流，不要在对方忙碌时在对方耳边说一些无关痛痒的话。

P23 每逢吵架他就擦枪，他是想杀人还是自杀

缓冲效应：为了缓和冲突和挫折而将目标转移到缓冲物

歪读

丈夫弄了一支很重的猎枪放在家里，每逢妻子发脾气，丈夫总是二话不说就到旁边擦枪去。这时妻子就会吓得花容失色，往往一场内战还没开始，就结束了。

丈夫的朋友问他："你老婆是怕你杀了她吗？"

"哪里，她是怕我自杀。"丈夫得意地说。

正解

不管出于何种原因，因为一支猎枪的存在，导致他们的潜在冲突永远处于未开始，心理学中的"缓冲效应"正是如此。

秒懂

当矛盾双方发生冲突时，人们为了缓和冲突和挫折而将目标转移到缓冲物，从而避免冲突的爆发和升级，这种现象便是"缓冲效应"。这与物理学中讲的缓冲效应有异曲同工之效，利用适当的障碍物（即缓冲物）使运动的物体冲力得到缓和或减弱。当双方处于激烈冲突与争执的情况下，解决争端的第一步就是暂时缓和双方的矛盾，以避免冲突愈演愈烈，甚至发生剧烈的动武争斗。压制冲突的方法之一便是寻找合适的缓冲物，如进行目标替换和情境转移等，从而使冲突得以缓和平静。

冲突还没有爆发或者恶化的时候，人们往往并不是真的希望非要造成冲突的升级，但是碍于面子，担心自己提前做出缴械投降的举动后，会被别人视为弱者，所以便强撑着以牙还牙。此时，如果能出现一个缓冲物让自己体面地下台，人们多会大方地终止冲突。例如，"我看在××的面上，今天不与你再争，请你回去后好好想想！"或者干脆做出情境转移，如"今天打网球时间到了，我不想再这样无效地争下去。"或者"今天我们别争了，先吃饭再说。"借助这种目标替代、情境转移的缓冲方式，既保住了面子，也终止了冲突。

"缓冲效应"对于化解冲突具有积极的作用，但是也并非所有的冲突都需要利用缓冲物而使其戛然而止。社会学家如戈特曼认为，冲突是促进亲密关系的一个基本因素。与此问题相关的一项问卷调查表明，人们越是压制冲突、回避冲突，他们对亲密关系的满意度越低。适当的冲突爆发有利于释放伴侣双方不良的情绪，为宣泄自己的情绪找到了好的契机，因此一味压制冲突并不是最好的和解方式。

当然，这并不是说要提倡伴侣之间尽情爆发冲突，毕竟冲突会为亲密关系的双方带来难以修复的伤害。关于冲突，最合理的面对方式是：妥善处理冲突（学会倾听、认可对方的观点、保留自己的感受），而不是一味通过压制冲突来回避问题。你可以将冲突看成一个增强彼此契合度的机会——发现自我以及更多地了解伴侣的方方面面。